海南红树林修复手册

HAINAN HONGSHULIN XIUFU SHOUCE

钟才荣　杨众养　陈毅青　张颖　王文卿　周志琴　田蜜　◎著

图书在版编目（CIP）数据

海南红树林修复手册 / 钟才荣等著. -- 北京 : 中国林业出版社, 2021.4

ISBN 978-7-5219-1078-0

Ⅰ. ①海… Ⅱ. ①钟… Ⅲ. ①红树林—森林生态系统—海南—手册 Ⅳ. ①S796-62

中国版本图书馆CIP数据核字(2021)第065528号

审图号：琼S（2021）050号

中国林业出版社·自然保护分社（国家公园分社）

责任编辑：刘家玲　　　　**责任编辑：**许　玮　刘家玲

电　　话：（010）83143576　83143519

出版发行　中国林业出版社（100009　北京市西城区德内大街刘海胡同 7 号）
http://www.forestry.gov.cn/lycb.html　电话：（010）83143576

印　　刷　河北京平诚乾印刷有限公司

版　　次　2021 年 4 月第 1 版

印　　次　2021 年 4 月第 1 次印刷

开　　本　787mm × 1092mm　1/16

印　　张　6

字　　数　120 千字

定　　价　68.00元

前言 Preface

红树林是生长于热带、亚热带海岸潮间带而受海水周期性浸淹的木本植物群落，兼具陆地和海洋生态系统的特点，成为复杂而多样的生态系统，是海岸生态交错区和关键区。作为海岸潮间带特殊的森林湿地生态系统，红树林在防风消浪、促淤保滩、固岸护堤、净化海水、维护生物多样性和沿海地区生态安全等方面发挥着重要作用。2004 年印度洋海啸发生后，红树林在防灾减灾方面的地位和作用更加得到各国政府、科学家以及广大民众的关注（廖宝文等，2010）。

海南是我国主要的红树林分布区之一。20 世纪 50 年代，海南红树林面积曾高达 9992hm^2（陈焕雄等，1985；莫燕妮，1999；廖宝文等，2014）。1982 年的调查显示，海南红树林降到 4836hm^2（陈焕雄等，1985）；2001 年的全国第一次红树林调查表明，海南红树林面积为 3930hm^2（廖宝文，2014）；2012 年的全国第二次湿地资源调查显示，海南红树林面积为 4736hm^2（国家林业局，2015）；2019 年海南省林业局委托海南省林业科学研究院（海南省红树林研究院）开展的红树林资源调查显示，全省（不含三沙市）红树林面积 5724hm^2。海南红树林由于历史上不合理的开发利用和人为破坏，如围海造田、挖塘养殖、水体污染等，导致红树林面积减少、林分质量下降，亟需修复。

本书由海南省林业科学研究院（海南省红树林研究院）杨众养研究员、陈毅青高级工程师和全球环境基金（GEF）海南湿地保护体系项目办公室周志琴女士共同策划，钟才荣主笔编写，杨众养、陈毅青、张颖、王文卿、周志琴和田蜜等参与全书各章节修改和补充。本书的编写得到了海南省野生动植物保护管理局、全球环境基金（GEF）海南湿地保护体系项目办公室等单位的大力支持，同时也得到陈鹭真、辛琨、管伟、雷金睿、方赞山、冯尔辉、程成和卢刚等专业人士的的鼎力帮助。在此向上述单位和个人表示诚挚的谢意！

本书是作者在多年野外调查与研究基础上，结合红树林育苗、造林修复等经验，并参考了大量国内外相关研究成果后撰写完成的。由于撰写时间较仓促，书中难免存在纰漏之处，恳请读者批评指正！

钟才荣

2020 年 10 月于海口

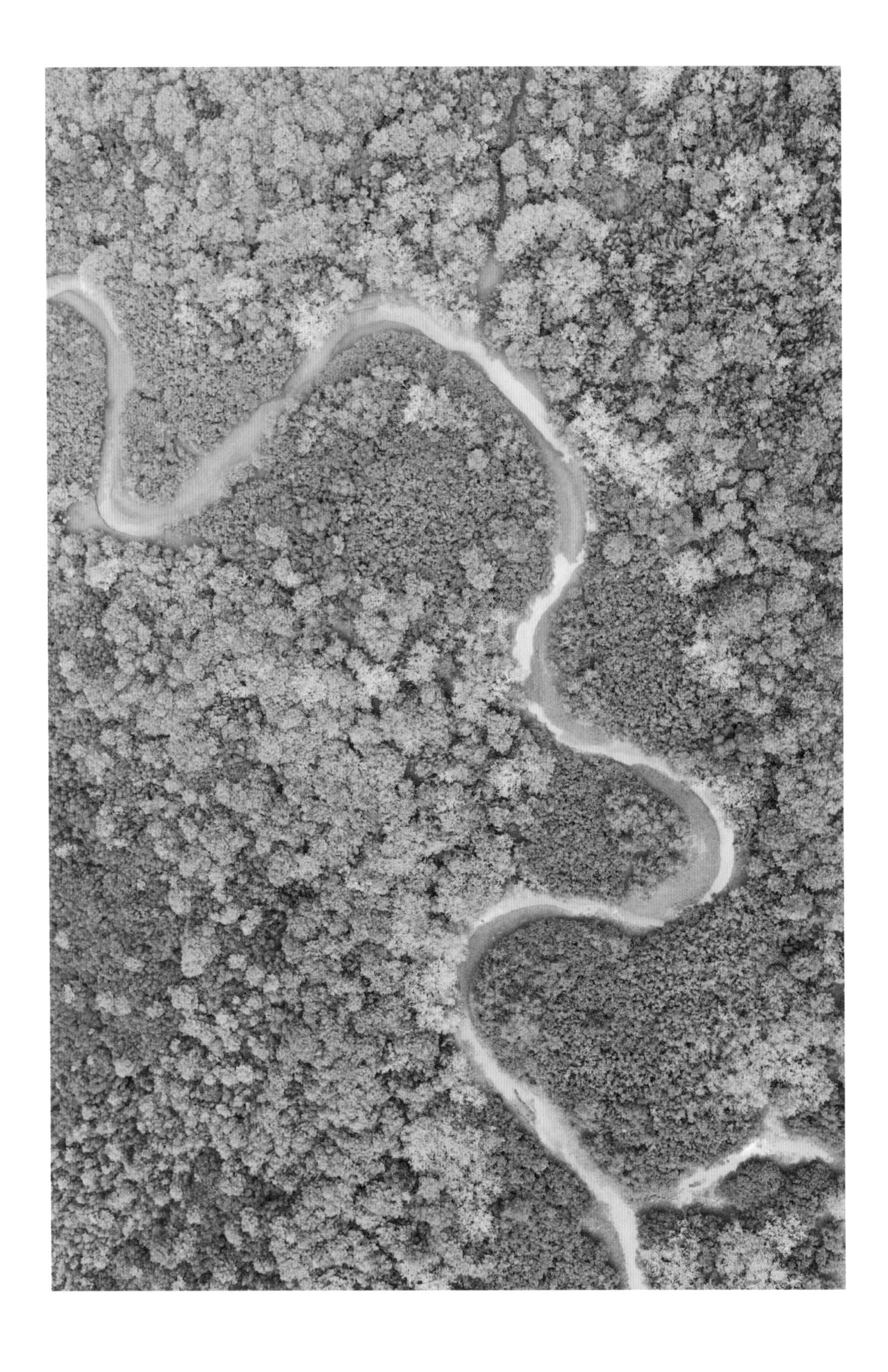

目录
Contents

第1章

海南省红树林湿地现状

1.1 海南红树林的重要地位

红树林是生长于热带、亚热带海岸潮间带的木本植物群落（林鹏和傅勤，1995），通常生长于南回归线和北回归线之间的港湾、河口、潟湖、海岸沙坝或岛礁后缘等弱浪区的海岸滩涂（张乔民等，2001），是陆地过渡到海洋的特殊森林类型，具有防风消浪、促淤造陆、净化污染、维持生物多样性等作用（廖宝文等，2010）。

海南省红树植物主要分布于海南岛，该岛拥有我国植物种类最丰富、群落结构最完整的红树林湿地生态系统。现有红树林面积5724hm^2，仅次于广东和广西，位居全国第三位。调查显示，海南省分布的原生红树植物20科37种。其中真红树植物11科25种，半红树植物10科12种（王文卿等，2006），约占全球红树植物种类的1/3。全国分布的原生红树植物种类在海南均有分布，被誉为天然的红树植物基因库。同时，陵水等沿海地区拥有从陆地向海洋依次分布的低地次生雨林或低地次生灌丛、红树林、海草床、珊瑚礁等生态系统，是不可多得的自然资源，具有重要的科研价值。

海南红树林湿地的动物多样性也非常丰富。目前记录到的鸟类有47科203种，其中省级及以上重点保护的有123种（含国家级重点保护鸟类27种）；两栖类动物有6科12种，其中省级及以上重点保护有1种；爬行类动物7科23种，省级及以上重点保护的有6种；哺乳类动物11科21种，省级及以上重点保护的有7种；鱼类61科165种，软体动物77科262种，蟹类16科63种。

1.2 海南红树林历史变迁及现状

联合国粮食及农业组织《1980—2005年世界红树林》报告（FAO，2007）指出，1980年全球红树林面积为1880万hm^2，但到2005年减少到1520万hm^2。在我国，20世纪50年代初红树林面积约5万hm^2，20世纪80年代红树林面积为3.37万hm^2，2001年全国红树林面积调查结果为2.4578万hm^2（吴培强等，2013；廖宝文等，2014）。

新中国成立初期，海南红树林面积曾高达9992hm^2（陈焕雄等，1985；莫燕妮等，1999；廖宝文等，2014），之后历经20世纪50年代到90年代的围海造田（包括农田、盐田）、毁林挖塘养殖等，红树林面积持续减少。2001年的调查数据显示，红树林面积仅剩3930hm^2（廖宝文等，2014）。近年来，由于加强《海南省红树林保护规定》的执法力度，大规模破坏红树林的情况基本消失，沿海各市县政府部门陆续开展人工恢复红树林，全省红树林面积稳步增长。2019年的调查结果显示，全省红树林面积增加到5724hm^2，比

2001 年的调查结果增加了 45.6%。

海南红树林主要分布在海口、文昌、琼海、万宁、陵水、三亚、乐东、东方、儋州、临高和澄迈等沿海市县（图 1–1），其真红树种类和半红树种类的分布分别见表 1–1 和表 1–2。

海南岛东部沿海是我国红树植物种类分布最集中的海岸，特别是东北部文昌市境内的八门湾，自然分布有真红树植物 11 科 26 种，半红树植物 11 科 12 种，占全国天然分布红树植物种类的 95%。

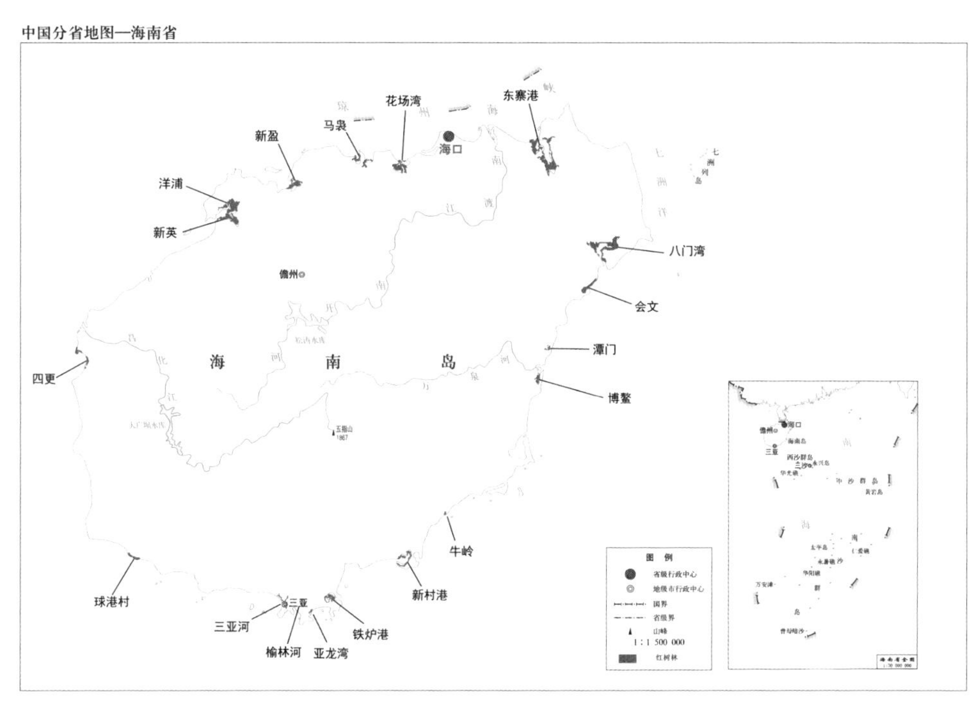

图 1–1　海南红树林分布示意图

表 1–1　海南岛沿海各市县主要真红树植物种类表

树种	海口	文昌	琼海	万宁	陵水	三亚	乐东	东方	昌江	儋州	临高	澄迈
卤蕨 *Acrostichum aureum*	√	√	√	√	√	√	√	√	√	√	√	√
尖叶卤蕨 *A. speciosum*	◎	√										
木果楝 *Xylocarpus granatum*	◎	√			√	√						
海漆 *Excoecaria agallocha*	√	√	√	√	√	√	√	√	√	√	√	√
杯萼海桑 *Sonneratia alba*	◎	√	√	√	√	√						

（续）

树种	海口	文昌	琼海	万宁	陵水	三亚	乐东	东方	昌江	儋州	临高	澄迈
海桑 *S. caseolaris*	◎	√	√	√		◎						
海南海桑 *S.* × *hainanensis*	◎	√										
卵叶海桑 *S. ovata*	◎	√				◎						
拟海桑 *S.*×*gulngai*	◎	√	√			√						
钟氏海桑	√											
木榄 *Bruguiera gymnorrhiza*	√	√	☆		√	√				√	√	√
海莲 *B. sexangula*	√	√		√		√	√			√		
尖瓣海莲 *B.s.* var. *rhynochopetala*	√	√				√						
角果木 *Ceriops tagal*	√	√	√	√	√	√				√	√	√
秋茄 *Kandelia obovata*	√	√	√			◎	◎			√	√	√
正红树 *Rhizophora apiculata*	◎	√		√	√	√	√			√		
红海榄 *R. stylosa*	√	√			√	√	√	☆		√	√	√
拉氏红树 *R.*× *lamarck*		√			√	√				√		
红榄李 *Lumnitzer alittorea*	◎				√	√						
榄李 *L. racemosa*	√	√	√	√	√	√		√	√	√	√	√
桐花树 *Aegiceras corniculatum*	√	√	√	√	√	√			√	√	√	√
白骨壤 *Avicennia marina*	√	√		√	√	√	√	√	√	√	√	√
小花老鼠簕 *Acanthus ebracteatus*	√	√	√	√		√				√	√	√
老鼠簕 *A. ilicifolius*	√	√		√		◎						

（续）

树种	海口	文昌	琼海	万宁	陵水	三亚	乐东	东方	昌江	儋州	临高	澄迈
瓶花木 *Scyphiphora hydrophyllacea*		√				√						
水椰 *Nypa fruticans*	√	√	√	√		√						

注：天然分布为√；人工引种为◎；文献报道有分布，但本次调查没有发现为☆

表 1-2　海南岛沿海各市县主要半红树植物种类表

树种	海口	文昌	琼海	万宁	陵水	三亚	乐东	东方	昌江	儋州	临高	澄迈
莲叶桐 *Hernandia nymphaeifolia*	◎	√	√			√						
水黄皮 *Pongamia pinnata*	√	√	√	√	√	√		√	√	√	√	√
黄槿 *Hibiscus tiliaceus*	√	√	√	√	√	√		√	√	√	√	√
杨叶肖槿 *Thespesia populnea*	√	√				√			√	√		
银叶树 *Heritiera littoralis*	√	√	√			√				√		
水芫花 *Pemphis acidula*		√	√	√								
玉蕊 *Barringtonia racemosa*	√	√	√			√				√		
海杧果 *Cerbera manghas*	√	√	√	√	√	√						
苦郎树 *Clerodendrum inerme*	√	√	√	√	√	√	√	√	√	√	√	√
钝叶臭黄荆 *Premna obtusifolia*	√	√	√	√		√						
海滨猫尾木 *Dolichandrone spathacea*	◎	√		√		√						
阔苞菊 *Pluchea indica*	√	√	√	√	√	√	√	√	√	√	√	√

注：现有天然分布为√；人工引种为◎

1.3 海南红树林造林修复概况

海南是我国开展红树林造林修复较早的省份。早在 20 世纪 80 年代到 90 年代间，海南东寨港国家级自然保护区已经成功在保护区的三江湾和野菠萝岛的滩涂上，利用秋茄、海莲、桐花树、海桑、无瓣海桑等红树植物开展造林修复，在道学和塔市等地海岸带实施大面积退塘还林。

海南东寨港国家级自然保护区的造林修复案例已成为我国实施红树林造林修复的典范，为我国东南沿海实施红树林修复积累了宝贵的经验，对推动海南红树林造林修复具有积极影响。但是，由于资金投入不足，在 2010 年以前，海南红树林造林修复处于停滞阶段。直至 2010 年，由于中央财政和省级财政增加造林资金投入，沿海各市县开始实施大规模红树林造林修复。2010 年到 2016 年，海口、文昌、陵水、三亚、东方等市（县）共实施造林 535.22hm^2（表 1–3），并计划在 2020 年到 2025 年间造林修复 2000hm^2，使海南红树林总面积接近新中国成立初期的数量。

虽然海南红树林造林修复起步较早，但是由于技术推广、管理理念的局限，使得部分沿海市县在红树林修复中存在较严重的技术问题，导致一些造林项目成效较低。

表 1–3　海南 2010—2016 年红树林造林面积统计表

单位：hm^2

年份	东方	海口	三亚	陵水	乐东	文昌	合计
2010	16.67	0	0	0	0	0	16.67
2011	0	10.13	0	0	0	0	10.13
2012	27.60	8.67	14.67	0	0	0	50.94
2013	0	0	26.67	0	0	0	26.67
2014	0	3.27	0	0	0	57.33	60.60
2015	48.40	91.13	0	0	0	13.33	152.86
2016	0	1.51	31.00	133.93	20.80	30.11	217.35
合计	92.67	114.71	72.34	133.93	20.80	100.77	535.22

第2章

红树林修复的主要目的及原则

2.1 红树林修复的主要目的

红树林是热带、亚热带海岸潮间带特有的森林类型。它在防风消浪、促淤保滩、固岸护堤、净化海水、维护生物多样性和沿海地区生态安全等方面发挥着巨大作用（蒋有绪，2010）。本书所指的红树林修复是指通过科学方法对受损的红树林和需营造红树林的海岸湿地实施造林，恢复红树林生态系统的功能和价值，促进红树林湿地生态系统可持续发展的修复工作。

以红树林为主要代表的红树林湿地生态系统是滨海湿地的重要类型之一，它由红树林、林外滩涂、潮沟、浅水水域等不同生境组成。这些生境为不同类型的生物提供了生存空间，对生态系统的可持续发展发挥着不可替代的作用。实施红树林修复主要有以下几方面目的。

（1）提高防灾减灾的能力

台风暴潮灾害是沿海地区人民生命财产及经济发展的重要威胁因素之一。我国历史上记载的强台风中，红树林在缓流、消浪、护岸方面发挥了巨大作用，被赋予“海岸安全卫士”的称号。1959 年 8 月 23 日，厦门地区遭受 12 级台风袭击，无红树林保护的滨海农田堤岸冲毁严重，龙海县角尾公社寮东村的堤岸由于有 8m 高红树林群落保护而未受损（林鹏，1984）；1980 年 7 月 22 日，7 号台风袭击海南东寨港，三江后头村至枋头村 6km 长的海堤受海浪袭击，其中 1km 海堤因无红树林保护导致决口 5 个；4km 海堤仅有低矮次生红树林保护导致决口 14 个；另外 1km 海堤由于有 5m 高秋茄和海莲群落保护，海堤安全无损（海南琼山县林业志，1990）;2014 年 7 月 17 日，17 级强台风“威马逊”正面袭击海南东寨港，在三江后头村至枋头村这 6km 岸段又发生了类似 1980 年的情况，无红树林保护或红树林带较窄的海岸，尽管已修建混凝土防潮堤，但还是被海浪冲毁殆尽，而有红树林保护的红土防潮堤却安然无恙。

研究表明，当红树林覆盖度大于 40%、林带宽度达到 100m、群落高度达 2.5m（小潮差地区）或 4.0m（大潮差地区），其消浪系数达 80% 以上（张乔民，1993）。因此，对有“台风走廊”之称的海南岛，修复红树林，改善林分结构，合理提高红树林群落的郁闭度（或盖度）和高度，可增强其防风消浪，保护堤岸、农田和村庄，达到防灾减灾目的。

（2）加快生态系统的恢复速度

健康的红树林生态系统具有良好的自我修复能力，当其严重受损后自我修复能力将减弱或丧失。因此，在自然修复难度大的残次林地上，采用人工干预手段，修复受损的红树林，可在较短时间内改善林分立地条件，满足红树植物生长需求，促进林地内种苗自然更新，达到快速恢复生态系统的目的（图 2-1）。

图 2-1　东寨港演丰西河下游受损 5 年后的红海榄 + 木榄群落

（3）维持生物多样性

红树林湿地通常包括林地、林外裸滩、潮沟及低潮时水深不超过 6m 的浅水水域（王文卿和王瑁，2006）。红树林湿地是多种生物生存和栖息的理想场所。在我国 239 km 狭长地带的红树林湿地上，繁衍生息着至少 2954 种生物，其中有国家一级重点保护野生动物 8 种，二级重点保护野生动物 75 种。红树林湿地单位面积的物种丰富度是海洋平均水平的 1766 倍（王友绍，2013）。

海南东寨港有红树林湿地 3337.6hm^2，红树林面积 1771.08hm^2，至今为止已调查记录到鱼类有 160 种、软体动物 120 种、鸟类 176 种（王瑁等，2013；王瑁和丁弈鹏等，2015；梁斌和卢刚，2015）。三亚铁炉港红树林保护区总面积 292hm^2，红树林面积仅 4hm^2，2015 年调查记录到的昆虫 186 种、鱼类 25 种、软体动物 56 种、蟹类 12 种、两栖爬行及哺乳动物 29 种、鸟类 50 种（王文卿等，2015）。因此，健康的红树林生态系统是维持当地生物多样性的重要生境。

（4）提高当地的环境质量

红树林湿地景观是热带和亚热带海滨湿地亮丽的风景，是得天独厚的旅游资源。良好的红树林湿地资源，是当地旅游事业可持续发展的重要依托。修复破碎化的红树林生态系统，能更好地保护原生红树林群落，促进当地红树资源的可持续发展，为人类社会展示优美的滨海湿地自然景观。

研究表明，红树林湿地生态系统对于一定浓度的污水有显著的净化效果（Wong et al, 1997；陈桂葵等，1999）。一方面，当水流进入红树林湿地后，流速减缓，水中悬浮物沉淀后可降低水体浊度；另一方面，红树植物在生长过程中，需吸收 N、P 等营养物质，减少其周边水体中的 N、P 含量，达到净化作用。此外，红树林还可通过多种方式，将重金属污染物与沉积物中的 S 以螯合物的形式固定在沉积物中，降低水体重金属含量，提高生态系统的环境质量。

（5）增加碳汇，净化空气

减少碳排放，增加碳汇是当今世界解决全球气候变暖的方法之一。红树林吸收大气中的 CO_2，将其转化为有机碳，并释放出 O_2，对空气起到净化作用。单位面积红树林湿地固定碳数量是热带雨林的 10 倍。全球红树林湿地每年的碳汇为 0.18 Pg，其中固定在植物体内 0.16 Pg，由沉积物固定 0. 02 Pg（ Twilley R R et al，1992）。

2.2　红树林修复的原则

（1）坚持红树林湿地生态系统完整性的原则

红树林湿地由红树林、滩涂、潮沟和浅水水域等组成。这四个紧密联系的单元孕育了在此生存的生产者（包括真红树植物、半红树植物、红树林伴生植物及水体浮游植物等），消费者（鱼类、底栖动物、浮游动物、鸟类、昆虫等），分解者（微生物），形成一个生物类群庞大的有机系统（王文卿和王瑁，2006）。红树林与各类海岸生物都是这个生态系统的有机生命体，在生态系统中具有同等重要的作用，它们共存于这个生态系统，但在生态系统中又有着相对独立的空间。

在红树林湿地修复过程中，既要给红树植物创造良好的生长环境，又要保留一定的滩涂、潮沟、浅水水域和海草床等不同类型的生境，作为各类海洋生物和鸟类的生存空间，维持生态系统的稳定性。红树林生态修复，要顺应自然和保护自然，遵循“宜林则林（红树林）、宜草则草（海草）、宜滩则滩（滩涂）”的科学规律，严防盲目扩大红树林面积。

（2）坚持生态优先的原则

我国学者马世骏（1980）提出：“生态学是一门多学科的自然科学，研究生命系统与环境系统之间相互作用规律及其机理”（乔欣，2004）。生态优先是生态生产力系统运行的基本规律，也是处理人与自然关系的基本原则。生态优先强调生态环境建设与资源合理利用在经济、社会发展中的优先地位，藉此来引导、约束社会经济活动，寻求可持续发展的逻辑起点（刘衍君等，2005）。

红树林湿地修复属于生态建设的行为，应对修复区的生态系统开展充分调查，科学分析其生态功能和价值，在修复中优先考虑具有较高生态价值的因素，使修复活动对当地红树林湿地生态系统起到提质增量的作用，杜绝打着修复生态系统的旗号实施违背保护生态的项目。

（3）坚持自然修复为主，人工修复为辅的原则

健康的生态系统具有良好的自我修复能力。在红树林生态修复工作中，提倡自然修复，减少劳民伤财和违背自然属性的事件发生。自然修复过于缓慢或无法实现自然修复的，可通过人工辅助措施，促进自然修复。只有生态系统受损严重，人工辅助措施无法起到关键作用时，采取人工修复。

（4）坚持因地制宜，科学选择修复方法和措施的原则

不同的生态修复区，自然资源状况、退化原因、存在问题可能不同。在开展生态修复前，必须进行全面深入调查，了解问题产生的根源，因地制宜，科学选择修复方法和措施。切忌盲目模仿或者照搬其他项目的方法和措施，导致修复工作事倍功半或无功而返。

（5）坚持多种修复措施结合的原则

红树林湿地生态修复措施通常有造林修复、动物栖息地恢复、水文修复、污染整治等。在红树林湿地生态系统修复工作中，应根据问题根源，对症下药，多措并举促进其功能得到恢复或增强。

（6）坚持使用乡土树种修复的原则

《海南省自然保护区条例》（2014 年）第三十七条规定：禁止任何单位和个人在自然保护区内引入、应用转基因生物和外来物种。《海南省湿地保护条例》（2018 年）第十八条规定：国家重要湿地、省级重要湿地、市县级重要湿地禁止引进外来物种。一般湿地引进外来物种，应当按照国家有关规定办理审批手续，并按照有关技术规范进行引种试验。

不管是经济与科技发达的美国，还是高速发展的中国，有关外来物种对本地自然资源的负面影响或破坏的报道屡见不鲜。因此，在生态修复中，应坚持使用乡土树种，确保生态安全。

第3章

红树林造林树种选择

海南是我国红树植物种类最多的省份，气候条件优越，可用于造林的树种相对丰富。根据《海南省红树林保护规定》和《海南省湿地保护条例》的相关规定，结合本地资源优势，红树林造林树种选择以“乡土树种”和“适地适树”为基本原则。在坚持乡土树种造林的前提下，重点结合潮间带、沉积物类型和海水盐度等因子选择造林树种。

3.1 潮间带

潮间带是指大潮期最高潮位时海水浸淹到的地方和最低潮位时滩涂露出水面最低的地方之间的岸带。人们为了方便表述，通常将潮间带按海水浸淹频率的多少、时间的长短，划分高潮带、中潮带和低潮带。对半日型不规则形潮汐的地区，高潮带是指平均大潮高潮线和平均小潮高潮线之间的岸带，每月浸淹频率少于 20 次；中潮带是指平均小潮高潮线和平均小潮低潮线之间的岸带，每月浸淹频率在 20~45 次之间；低潮带是指小潮的低潮线和大潮的低潮线之间的岸带，每月浸淹频率大于 45 次（Waston，1928;张乔民等 2001）（图 3-1）。

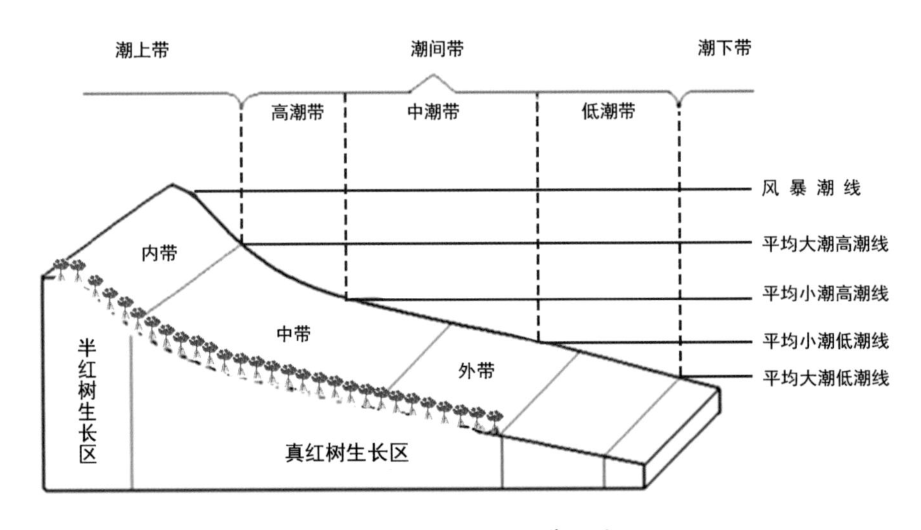

图 3-1 红树林生长区潮带示意图

红树林生长于热带、亚热带海岸潮间带，周期性的海水浸淹是红树林发育的基本条件。不同树种对海水浸淹的忍耐程度不同，不同的红树植物种类在潮间带滩涂上由低潮带到高潮带出现与海岸垂直的分布格局。我国现有的真红树植物中，低潮带主要分布的真红树植物有白骨壤、红海榄、杯萼海桑和桐花树等；中潮带主要分布的真红树植物有红海榄、正红树、拉氏红树、秋茄、桐花树、海桑、杯萼海桑、海南海桑、拟海桑、卵叶海桑、老鼠簕、水椰等；高潮带主要分布的真红树植物有角果木、榄李、红榄李、瓶花木、木榄、海莲、尖瓣海莲、老鼠簕、小花老鼠簕、木果楝、海漆、卤蕨、尖叶卤蕨等。半红树分布于高潮带海水浸淹频率较少的区域与潮上带。

造林树种选择时，低潮带树种可种植在中、高潮带，中潮带树种可种植于高潮带。但高潮带的树种通常不能直接种植于中、低潮带，中潮带树种也不能直接种植于低潮带。常用造林树种在不同潮带上的具体应用见表 3–1。

表 3–1 造林树种选择对照表

潮带	沉积物类型	造林树种
低潮带	沙质和沙泥质沉积物	白骨壤、红海榄、杯萼海桑
	淤泥质和泥沙质沉积物	桐花树、红海榄、杯萼海桑
中潮带	沙质和沙泥质沉积物	白骨壤、红海榄、正红树、杯萼海桑
	淤泥质和泥沙质沉积物	桐花树、秋茄、海桑、水椰、红海榄、杯萼海桑
高潮带	沙质和沙泥质沉积物	白骨壤、红海榄、杯萼海桑、正红树、木榄、海莲、尖瓣海莲、榄李、海漆、杨叶肖槿、黄槿、水黄皮、木果楝、海杧果
	淤泥质和泥沙质沉积物	桐花树、秋茄、海桑、水椰、红海榄、杯萼海桑、木榄、海莲、尖瓣海莲、榄李、木果楝、海漆、银叶树、杨叶肖槿、黄槿、水黄皮、海杧果

3.2 沉积物类型

红树林生长的基质是潮间带上的沉积物（土壤）。不同海岸带的沉积物类型也不同，根据其含沙量和含泥量间的比例关系，可将海岸带的沉积物类型大致分为沙质沉积物、沙泥质沉积物、泥沙质沉积物、淤泥质沉积物。

（1）沙质沉积物

沙质沉积物是以沙为主，缺少淤泥，海岸周边陆地成土母质为石英岩。这类沉积物透气性强，造林成活率较高。但由于蓄水和保肥能力差，红树植物生长慢。在海南岛，沙质沉积物主要分布在三亚、乐东、东方和昌江等地海岸潮间带，在文昌会文、临高和儋州部分开阔海岸的红树林分布区也偶有沙质沉积物。沙质沉积物上红树植物的优势种为白骨壤。

（2）沙泥质沉积物

沙泥质沉积物以沙为主，含有部分泥，含泥量不足 50%。沙泥质沉积透气性强，因此造林成活率比较高。这类沉积物保水和保肥能力比沙质沉积物好。在海南岛，沙泥质沉积物主要分布在文昌市八门湾东阁镇到文教镇的海岸，万宁市老爷海和小海、儋州和临高新盈镇等海岸潮间带。这一类型的沉积物生长的红树植物优势种为白骨壤、红海榄、正红树、杯萼海桑和角果木等。

（3）泥沙质沉积物

泥沙质沉积物以泥为主，含有部分细小颗粒的沙，但其沙含量不足 50%。泥沙质沉积物的蓄水保肥能力比沙质沉积物和沙泥质沉积物好，透气性也比较强，是所有沉积物中种植红树植物条件最好的沉积物。这一类型的沉积物上几乎所有红树植物均能较好地生长。在海南岛，泥沙质沉积物主要分布地儋州泊潮湾、临高马袅河、海口东寨港入海口部分、文昌头苑等海岸潮间带。自然分布的红树植物优势种为正红树、红海榄、角果木、海桑、木榄、海莲等。

（4）淤泥质沉积物

淤泥质沉积物以淤泥为主，几乎不含有沙，通常在潟湖、内湾或河道两岸等区域，陆地上成土母质以玄武岩为主。淤泥质沉积物蓄水能力强，沉积物有机质丰富，但透气性差。在海南岛，淤泥质沉积物主要分布在海口东寨港的演丰和三江、澄迈的花场湾的海岸潮间带。自然分布的红树植物优势树种为木榄、海莲、尖瓣海莲、秋茄、桐花树和卤蕨等。

造林工程在选择树种时，可根据造林地的沉积物类型进行确定，具体可参考表 3–1。

3.3 海水盐度

在海南岛沿海各市县，红树林生长分布区的海水盐度大致在 3‰ ~34‰之间。根据红树植物生长分布的特点，将盐度分为 3 个等级，海水盐度小于 15‰为低盐度，所有红树植物均适合生长；海水盐度在 15‰ ~25‰为中盐度，大部分植物都能适应，该生境条件下的优势植物为秋茄、木榄、海莲、水椰、木果楝、桐花树和海漆等；海水盐度大于 25‰的为高盐度，只有抗盐能力强的树种才能大量分布，该生境条件下的优势种为杯萼海桑、白骨壤、红海榄、正红树和榄李等。

第4章

红树林树种育苗

4.1 苗圃地选择

苗圃是提供优良苗木的基地。在适宜的滩涂地上，选用良种，培育壮苗，加上后续科学的造林方法，得当的技术措施，是实施红树林造林修复的保障。

4.1.1 苗圃地位置

红树林通常生长于周期性海水浸淹的潮间带，红树林苗圃宜建立在海岸高潮带的疏林地、草地、弱浪区高潮带滩涂及排灌条件良好的养殖塘迹地等。

固定苗圃则应选在交通便利，靠近居民点的滨海湿地，既有利于解决苗圃水、电设施、育苗物资采购和苗木运输，同时方便育苗人员的生活。

临时苗圃可选在造林地或附近立地条件较好的滩涂，有利于降低运输成本，提高苗木造林成活率。

4.1.2 地形

红树林苗圃宜选择在地势开阔，无风浪或风浪小的地块。通常圃地坡度不宜大于 5°，坡度过大，涨退潮时水流速度较快，对苗圃滩涂冲刷强度大，易造成育苗基质、种子（胚轴）和幼苗流失。

4.1.3 水源

红树林苗圃位于海潮间带，每个月海水浸淹次数在 15~20 次为宜。经常有海水浸淹的苗圃，人工育苗作业受潮汐影响较大，可通过设置闸门控制苗圃地的海水排灌。在海水浸淹次数少的地方建苗圃，圃地持水量低，苗木生长缓慢，需要人工补充水分，增加成本投入。

苗圃地常年海水盐度以 15‰ ~20‰为宜。盐度过高不利于苗木生长，盐度过低苗木抗逆性差，造林成活率低。低盐度苗圃的苗木用于高盐度的滩涂造林成活率低，国内已多次发生此类事件。

红树林苗圃除了应具备海水浸淹条件之外，最好布设淡水浇灌设施。淡水浇灌设施可通过补充淡水，适度调控苗圃内的海水盐度，提高苗木生长量。同时，还可以冲洗粘附在幼苗上的泥浆，减少病害发生，提高成苗率和出圃率。

4.2 育苗基质

红树植物育苗基质通常选用海泥、壤土或营养土。3 种育苗基质中，海泥为基质育苗成本低、土球结构好，但是装袋操作难度较大，人工费高，苗木生长慢，成苗率和出圃率低。人工配制的营养土为育苗基质，透气性好、肥力高，装袋操作容易，培育的苗木生长快，成苗率和出圃率在 3 种基质中最高。壤土为育苗基质优点介于两者之间。

营养土的配制比例为：红壤土 50%+ 牛粪 25%+ 粉沙土 25%+ 过磷酸钙（每立方米牛粪加过磷酸钙 20kg）。将配制营养土的材料充分拌匀后集中堆放，红壤土和粉沙土水分较低时可往土堆中补充水分，使基质湿润，最后盖上薄膜堆沤。充分沤熟的营养土疏松，无明显的牛粪臭气。

4.3 常见造林树种的育苗技术

4.3.1 海桑属植物育苗技术

我国原生分布的海桑属植物共有 5 种，包括海桑、杯萼海桑、卵叶海桑、海南海桑和拟海桑。其中，海南海桑是杯萼海桑和卵叶海桑的自然杂交种，拟海桑是杯萼海桑和海桑的自然杂交种（王瑞江等，1999）。该属植物在我国自然分布于海南岛东海岸三亚到文昌的海岸带上。5 种植物的育苗技术和方法相似。

4.3.1.1 种子的采集和处理

（1）果实采收和处理

该属植物树体高大，球状浆果几乎全年均有。果实成熟后脱落于滩涂上，采种时，从林内滩涂收集成熟的落果（图 4-1~ 图 4-6）。

图 4-1 海桑未成熟果

图 4-2 海桑成熟果

图 4-3　卵叶海桑未成熟果

图 4-4　卵叶海桑成熟果

图 4-5　杯萼海桑未成熟果

4-6　杯萼海桑成熟果

海桑属植物的果实未成熟前果皮均为绿色，有光泽。成熟后果皮颜色变黄，光泽减弱或消失。成熟果的果肉变软，将其捏烂后放入清水中漂洗。由于种子密度小，与果肉分离后浮于水面，将其捞出装入小孔纱网袋中，洗净粘附在种子上的果肉或其他杂质后即可使用。

（2）种子贮藏方法

卵叶海桑种子有后熟现象，种子洗净后置无盐度的清水中湿藏 25~30 天再播种育苗；其他树种的种子洗净后即可播种。

杯萼海桑种子在水中浸泡 6~10h 后，种子开始萌发，不宜贮藏；海桑种子有趋光性，见光后易发芽，可以在保湿的条件下避光贮藏（廖宝文等，1997）。海桑种子贮藏期限为 6 个月，6 个月后种子的发芽率明显降低；海南海桑、拟海桑和卵叶海桑种子贮藏时间通常不超 40 天，40 天后种子的发芽率有所降低。

贮藏时，将洗净的种子用纱网袋装好，扎紧袋口，放在清水中避光浸泡。每隔 7~10 天取出，用自来水洗净种子后置阴凉处悬挂 0.5h，再重新放入干净的水中避光贮藏。贮藏种子的地方以阴凉处为宜。

4.3.1.2　催芽

播种前对海桑属（杯萼海桑除外）的种子进行催芽有利于提高发芽率、缩短播种后的发芽时间。催芽时，将种子取出洗净，用1g/L的高锰酸钾溶液浸泡处理，再将其装入纱网袋中，悬挂于有散射光能辐射到的地方，如树下、廊下、阳台等。白天每隔2~4h将种子放入干净的清水中浸泡10分钟后取出重新悬挂于阴凉处。浸泡种子时搅动种子，让大部分种子均有机会接受光照。催芽处理2~3天后即可播种育苗，也可等到30%~40%的种子露白后再播种。

4.3.1.3 播种及苗床管理

海桑属植物种子颗粒小，需在苗床上播种育苗。播种前，在苗床上铺3~5cm厚的细小颗粒的育苗基质，将调配好的杀虫剂淋洒在苗床上，除净苗床中的虫蟹。4h后用浓度为5g/L的高锰酸钾喷一遍。杀虫剂或高锰酸钾淋、喷后如不及时播种应用薄膜盖好苗床，播种前再将其掀开。

将经过催芽的种子均匀撒在苗床上。播种密度为$20cm^2$的苗床播种120~150粒。播种后用手或木板在苗床上轻拍，让种子与营养土充分接触或半陷入营养土中，然后在床面上均匀撒上0.3cm厚的细营养土。海桑属植物种子颗粒小，覆土不宜过厚，否则影响种子的发芽势。

完成覆土后用纱网直接盖在苗床上，纱网边缘用海泥压实，防止螃蟹进入苗床挖洞、啃食种子和幼苗，也能避免潮水冲刷种子。

苗床覆盖纱网保护以后，用雾状淡水将苗床充分淋透，保证种子与育苗基质充分接触。同时，覆盖种子的育苗基质吸水下沉填满苗床表层的小缝或孔洞，以免发芽后的幼苗悬根。播种后保持苗床沟中的水位，使苗床的毛细孔将水分吸送到苗床面的土壤中。

海南岛南部沿海全年均可播种。北部最佳播种季节为3~10月，其他月份播种，遇寒潮降温时易受寒害，需做好防寒工作。

鉴于盐度高抑制种子发芽和幼苗生长（廖宝文等，2017），苗床上土壤盐度控制在5‰~10‰为宜。当海水盐度过高时，退潮后及时淋、灌淡水以降低苗床盐度。

海南海桑、拟海桑为珍稀濒危植物，种子量少，可用花盆播种培育，幼苗期间再移栽到苗圃地的育苗容器中（图4–7为海南海桑花盆播种育苗的过程）。

播种

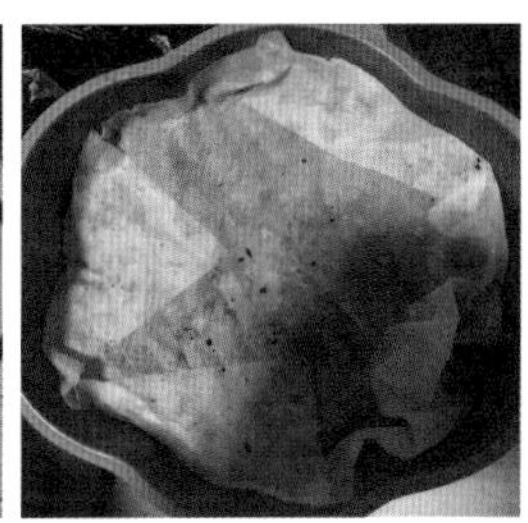
覆盖3~4层餐巾纸

种子萌发

图4–7 海南海桑花盆播种育苗

4.3.1.4 幼苗移栽及田间管理

（1）移栽

幼苗长出 4~6 片真叶后，可将其从苗床上移栽到营养袋中。幼苗栽植前后，均需将营养袋中育苗基质充分淋透。

幼苗选择在阴天或傍晚时分移栽，同时要留意天气情况。如果移栽后出现高温天气，需要用遮阴网遮阴 3~5 天。

（2）田间管理

幼苗移栽完成后，每天白天浇水 5~6 次。苗木定根后，根据涨潮时的海水盐度、圃地的田间持水量和营养袋中育苗基质的含水量确定浇水次数和浇水量。海水盐度低、圃地田间持水量或育苗基质含水量高可以少浇水，通常早晚各浇水一次。海水盐度高或圃地田间持水量低时需要多浇水，给圃地补充水分和降低育苗基质和圃地沉积物（土壤）盐度。每次退潮后要及时浇水，冲洗粘附在幼苗上的泥浆。

海桑属植物的叶片大，过多施用氮肥，叶片增大，易造成苗木大小分化，影响苗木出圃率。施肥时，要根据小苗的生长情况加以控制，通常多施钾肥，适度施氮肥。

施肥后，出现垄间苗木大小分化明显，就需要根据苗木的生长情况进行分级处理。如果上层苗木高度已达到或接近出圃高度，可将大苗移植到炼苗区进行炼苗，小苗保留在原地继续培育。如果上层苗木多，且未达到出圃高度要求，可从下层把小苗移出，重新摆放在光照充足的地方培育。避免下层小苗由于缺光导致大量落叶或枯死的现象。

4.3.1.5 苗期病虫害防治

海桑属植物苗木常见病害有灰霉病、立枯病、炭疽病等。苗圃育苗的密度较高，在高温、高湿或缺少光照的条件下易于发生上述病害。育苗过程中，增加苗圃通风、透光和卫生管理，及时将粘附在幼苗叶片、茎干上的泥浆淋洗干净，将苗圃内的枯枝、落叶和潮汐携带来的海上漂浮垃圾及时清理并带离苗圃，减少病原菌传播媒介（图 4-8）。

对于曾多次发生过病害的苗圃，在育苗期间定期喷药加以预防。苗床无病害发生时，每 10~15 天喷广谱杀菌剂一次，如多菌灵或百菌清等；移栽成活后的前 2 个月，无病害发生时每 15~20 天喷广谱杀菌剂一次。一旦发生病害，及时确诊，尽快喷药防治。2 个月后，无病害发生可停止用药。

立枯病：主要为茎叶腐烂和根腐病。茎叶腐烂病往往是因为苗床上幼苗密度大，加上高温高湿而引发。根腐病多发生于移植后的幼苗，病菌从根部入侵致其腐烂，使幼苗失去吸收水分和养分的能力而枯死。立枯病发病后要及时拔除病株。选用甲基托布津（50%）500~800 倍液、扑海因 400~500 倍液、多硫悬浮液（40%）300~500 倍液防治。喷药频率

图 4-8　海桑苗木

为每 3~5 天喷药一次，连喷 3~5 次。

灰霉病：该病多发于每年 11 月到翌年 5 月，发病时感病组织呈浅褐色水渍状软腐，后期溃烂。植株感病后叶片褪绿、萎蔫，2~3 天后开始落叶，7 天后开始死亡。当发现有病株后应及时将病株拔除，同时用甲基托布津或多硫悬浮液防治，药液浓度同上。严重时可用施宝功 2000 倍液或磷霉素 300~500 万单位 /20kg 水防治。发病高峰期可用施宝功和甲基托布津或多硫悬浮液隔天交换喷洒，连续喷 3 个重复，此方法防治效果较好。

海桑属植物育苗常有灰霉病发生，要加强防治。东寨港在 20 世纪 80 年代育苗，曾有灰霉病发病后全部苗木死亡的现象，应引起注意。

炭疽病：该病症状为感病叶片出现褐色点状物，继而扩大。防治可用等量式波尔多液、敌克松 600~800 倍液防治。同时，要保持小苗生境通风透气，抑制病原菌扩散。

生物害虫：播种后到苗高 20cm 期间，主要生物害为鼠、蟹等，防治时，用气味重的浓药熏驱，尽量少用或不用剧毒杀虫剂，确有需要时，选用菊酯类杀虫剂防治。

4.3.2　木榄属植物的育苗技术

木榄、海莲和尖瓣海莲同属红树科木榄属植物，尖瓣海莲是木榄和海莲的自然杂交种，且可以回交，种间亲缘关系较近（张颖等，2019）。3 种植物在海南岛常混生于海岸滩涂，生境相似，育苗方法和技术基本相同。

4.3.2.1 采种及种子处理

木榄、海莲和尖瓣海莲均具胎生现象，繁殖体为未长根的幼苗，常被称为胚轴。其中，木榄胚轴长 11~18cm，重 21~47g；海莲胚轴 7~10cm，重 9~14g；尖瓣海莲胚轴 9~12cm，重 15~30g。3 种植物花、果在海南岛常年均有，但是木榄的盛果期在 10~12 月，海莲和尖瓣海莲的盛果期在 7~10 月。

胚轴成熟后脱落在林内滩涂。采种时，直接从林内滩涂上采集。

在海南岛，木榄、海莲和尖瓣海莲通常混生于海岸高潮带，胚轴采集回来后首先按树种归类挑选。挑选胚轴时，要观察胚轴是否有虫眼，如有虫眼，应将被虫蛀严重的胚轴选出剔除，其余胚轴用具内吸传导作用的杀虫剂兑水浸泡，达到杀虫目的。

木榄属胚轴不能长期贮藏，以随采随播为好。如不能及时插播育苗，将其暂时装于透气性好的箩筐或散放于阴凉的地面上，并经常浇水，避免胚轴失水损坏。胚轴放置时间在 15~20 天，时间过长会影响胚轴质量。

4.3.2.2 插播胚轴

木榄属植物的胚轴呈纺锤体状，成熟胚轴已长出顶芽。插播时，顶芽朝上，将胚根端插入育苗基质中。插播胚轴深度可根据胚轴长度而定，通常 7~10cm 长的胚轴插播深度为 3~4cm，20cm 左右的胚轴插种深度为 5~6cm。

海莲胚轴是林内蟹类的食物之一，常被螃蟹咬食。被螃蟹少量咬伤的胚轴不会影响其萌发和生长，可以插播育苗。新鲜的海莲胚轴插播后大致 15 天左右根部开始萌发，20~25 天顶芽开始抽出新叶。

4.3.2.3 苗期管理

木榄属植物为喜光树种，胚轴抗逆性强，育苗期间无需遮阴。

苗圃地滩涂每月应有潮汐浸淹 20 次左右，确保滩涂地和育苗基质湿润。圃地低洼积水时需挖沟排水，避免幼苗长期被水浸淹导致根系腐烂。苗期需根据潮汐的变化和海水盐度给幼苗浇水。幼苗期间，每天退潮后，及时用干净的淡水或低盐度海水淋浇，将顶芽或叶片上的泥浆淋洗干净，有利胚轴萌发或幼苗生长。无潮水淹及期间，早晚各浇水一次，确保幼苗对水分的需求（图 4–9~ 图 4–12）。

高盐度海水对红树植物幼苗的生长有抑制作用。当苗圃地的海水盐度过高时，应及时补充淡水，降低育苗基质和苗圃滩涂的盐分，促进苗木生长。

图 4-9　木榄小营养袋苗

图 4-10　木榄盆栽苗

图 4-11　尖瓣海莲大营养杯苗

图 4-12　海莲大营养杯苗

4.3.3　红树属植物的育苗技术

红海榄和正红树同属红树科红树属植物，两种植物有较近的亲缘关系，可自然杂交，杂交种为拉氏红树。两种植物的育苗技术基本相同。

4.3.3.1　采种

红海榄和正红树两种植物花期全年，但胚轴成熟脱落期多集中在 6~10 月。受气候影响，海南岛南部的花果期要比北部长。胚轴采集可直接从林内滩涂收捡，也可从树上采摘。成熟的胚轴除从个体的长短、大小进行判断外，还可通过胚轴顶端花萼管颜色判断，当胚轴成熟后，其花萼管由绿色变浅绿色或白色。完全成熟的胚轴用手轻轻抓拉即可脱离花萼管露出顶芽；也可摇动枝冠，成熟胚轴会与花萼管分离脱落在滩涂上。

成熟度达 8 成以上的胚轴即可用于造林或育苗。从树上采摘回的胚轴集中堆放于阴凉处，淋浇淡水 3~4 天，花萼管与胚轴分离后却可将胚轴插播育苗。

红海榄和正红树胚轴少有虫害，胚轴采集回后即可插播育苗。

4.3.3.2　育苗容器

红海榄和正红树苗期叶片较大，育苗容器可选择直径 8cm 以上的营养袋或营养杯。育苗容器小易造成部分苗木光照不足，苗木出圃率降低。

将育苗容器装满基质后呈垄状摆放于红树林苗圃的滩涂上，垄宽度 80~100cm，即每行摆放 10~12 个营养袋。如果摆放营养袋垄宽度过大将影响小苗光照，造成苗木分化明显，影响苗木质量和出圃率。

4.3.3.3　插植胚轴

红海榄胚轴长 19~27cm，重 16~30g；正红树胚轴长 22~37cm，重 25~30g。两种植物的胚轴长，重量大，插植深度为 6~8cm。盐度较低的苗圃，胚轴插植 15~20 天后开始长根，

25天后顶芽开始抽出新叶。盐度较高的苗圃，生根、抽叶时间通常延后5~10天。

4.3.3.4 苗期管理

红海榄和正红树苗木抗逆性强，水肥管理粗放，育苗过程无需遮阴，少施肥，如有条件的苗圃可在插播胚轴后每天浇水1~2次。保持滩涂地和容器中的育苗基质水分充足有利于提高苗木生长量，但切忌将苗木长期浸淹在水中，影响根系的呼吸。

使用直径为20~30cm的容器培育大苗。为提高苗木生长量，当苗木生长出4片叶子以后，可施用少量复合肥（图4-13~图4-16）。

图4-13 红海榄小营养袋苗

图4-14 红海榄盆栽杯苗

图 4-15　正红树小营养袋苗

图 4-16　正红树大营养杯苗

4.3.4　秋茄的育苗技术

秋茄是我国红树植物中自然分布最广、抗寒能力最强的树种，也是我国红树林主要造林树种之一。该树种具胎生现象，可直接用其胚轴插播造林，但对于立地条件较差的海岸滩涂，多选用苗木造林。

4.3.4.1 采种

秋茄的繁殖体为胚轴。在海南岛，秋茄花期在 3~5 月，胚轴的成熟期从 12 月到翌年的 2 月。从林地滩涂捡回脱落的成熟胚轴，或从母树上采摘 8 成熟以上的胚轴。成熟的胚轴采回后即可插播育苗。如果采摘的是 8~9 成熟的胚轴，将其置阴凉处，每天用自来水淋浇 3~5 次，保持胚轴的水分。3~5 天后，胚轴脱离花萼管后再插播育苗（图 4–17）。

秋茄胚轴长 17~27cm，重 9~20g。

图 4–17 非成熟胚轴（左图）和成熟的胚轴（右图）

秋茄胚轴不易贮藏，育苗和造林以随采随播为主。有研究表明，光照有抑制秋茄胚轴萌发的作用（廖宝文等，2010）。因此，将胚轴采集回后，如不能及时插种，可将其摊放于阴凉的地方，见光短期存放，注意保持胚轴水分。如有冷藏条件，也可将秋茄胚轴在 5~8℃的条件下贮藏。在保持胚轴含水量为 59.5% 以上，胚轴贮藏 180 天，成活率高达 83.3%（廖宝文等，1996）。

秋茄胚轴常被虫蛀，采回后如不及时插种，需用杀虫剂浸泡杀虫后再贮藏或置阴凉见光条件下短期存放。杀虫剂用量按说明书使用即可。

4.3.4.2 插播胚轴

插播胚轴前可利用秋茄的“感光休眠现象”对胚轴进行催根催芽。催根催芽时，将经杀虫剂处理过的胚轴用透气性好的袋子包装好后置阴凉处避光存放，促进胚轴萌发。当胚轴下端开始露出小白点后即可插播育苗。存放期间每天浇水 1~2 次，保持胚轴的含水量。秋茄胚轴的临界安全含水量为 51.2%，当胚轴含水量低于临界值后就会丧失生活力（廖宝文，1996）。

胚轴插播前先用水浇透营养袋中的育苗基质，插播完成后再次浇水，使胚轴与育苗基质充分接触。秋茄的插播深度为3~5cm。在低盐育苗环境中，未催芽处理的成熟胚轴插播15~20天开始长根，20~30天开始长出新叶。气温较低时，生根发芽时间会延后（图4–18）。

图4–18　秋茄小营养袋苗

4.3.4.3　苗期管理

秋茄植物喜光照，保持光照充足，土壤湿润，有利于提高苗木生长量。

圃地低洼积水时需挖沟排水，幼苗不宜长期浸淹在水中。苗期根据潮汐的变化和海水盐度给幼苗浇水。每天退潮后，及时用干净的淡水或低盐度海水淋浇，将顶芽上的泥浆淋洗干净，有利胚轴萌发或幼苗生长。无潮水淹及期间，早晚各浇水一次，确保幼苗对水分的需求。苗木高度达30cm后，停止浇水，让其适应海水自然浸淹的生长环境。

4.3.4.4　病虫害防治

秋茄育苗多年来均未有病害发生，其抗逆性强，不必喷药杀菌。但苗圃地中活动的鼠、蟹对幼苗有较大威胁。育苗前需将圃地中的螃蟹驱离后用纱网围拢。纱网围拢高度需在1m左右。

海南各地苗圃培育红树苗尚未发现有介壳虫危害，但广东、福建等省的苗圃培育的秋茄苗有较严重的介壳虫危害。介壳虫危害时，选用德国产的22.2%螺虫乙酯3000~5000倍和毒死蜱1000倍混合喷杀。5~7天喷药1次，连喷2~3次。

4.3.5　白骨壤的育苗技术

白骨壤是低潮带红树林造林先锋树种，是我国原分布红树植物中耐淹能力和抗盐能力最强的树种，可用于高盐度的沙质、沙泥质或泥沙质海岸滩涂造林。

4.3.5.1 采种及种子处理

白骨壤为隐胎生植物，海南岛盛花期在 3~5 月，盛果期在 6~9 月。果实成熟时，果皮由灰绿色变黄绿色。采种时，直接从树上采摘成熟的小果带回备用。

果实采回后，将其放入水中浸泡 2~3h，果皮脱离种子（又称胚轴）后，将浮于水面的果皮捞出，用清水冲洗种子，再将其倒入筐中晾干。

白骨壤种子易受虫蛀或腐烂。播种前分别用杀虫剂和广谱杀菌剂对种子进行浸泡处理。

4.3.5.2 育苗地选择

白骨壤多生于沙质或沙泥质滩涂上，育苗地首选沙质或沙泥质滩涂。此类苗圃在涨潮时海水携带泥浆少，幼苗发病率低，成苗率高。在淤泥质滩涂育苗，由于海水携带泥浆多，粘附在幼苗上不易淋洗干净，易引发猝倒病。

4.3.5.3 播种

白骨壤叶片较小，种子（胚轴）颗粒大，育苗容器直径为 6~8cm。育苗时直接将经过杀虫、杀菌的种子点播于容器中，也可将种子置阴凉处，每天淋水 2~3 次，待其胚轴萌发伸长 1cm 左右再点播育苗。

白骨壤种子处理后，育苗容器暂时无法准备到位时，也可将其撒播于沙泥质或沙质苗床上培育。种子撒播后无需覆土，但需对苗床遮阴。白骨壤幼苗侧根发达，从苗床移植幼苗到容器中宜早不宜迟。移植时可用竹片或小木棍将幼苗从苗床上带土挑起后栽植到育苗容器中，尽量减少伤根。

4.3.5.4 苗期管理

幼苗高达 15~20cm 时，可用复合肥兑水淋施于育苗基质中，提高小苗的生长量（图 4-19）。

在沙地滩涂育苗，圃地和育苗基质保水性差，需加强水肥管理（图 4-20）。播种后需勤浇水，同时要避免强光暴晒造成灼伤。幼苗期间，每天浇水 2~3 次。苗高达到 20cm 以后，苗木根系开始伸出容器外吸收水分和养分，此时可以减少人工浇水。苗高 35cm 以后，停止人工浇水。

图 4-19 苗床上培育的白骨壤幼苗

图 4-20　缺水、缺盐的白骨壤幼苗

4.3.5.5　病虫害防治

白骨壤种子虫害多，播种前先用菊酯等杀虫剂浸泡杀虫。在淤泥质滩涂育苗，从种子萌发到苗高 15cm 期间，易发生猝倒病。播种后应加强圃地卫生管理，及时清理涨潮时随海水漂入圃地中的垃圾。退潮后及时淋洗粘附在胚轴和幼苗上的泥浆。为预防病害发生，每 7~10 天喷广谱杀菌药一次。常用农药为甲基托布津（50%）500~800 倍液、百菌清（75%）800~1000 倍液、多硫悬浮液（40%）300~500 倍液。如发现有幼苗感病，则选用扑海因 400~500 倍液或施保功 1000 倍液防治。每 3~5 天要喷药一次，连喷 3~4 次（图 4-21~图 4-23）。

图 4-21　白骨壤幼苗发生茎腐病

图 4-22　沙地苗圃培育的白骨壤苗

图 4-23　淤泥质滩涂培育的白骨壤苗

4.3.6　桐花树的育苗技术

桐花树是主要的红树林造林先锋树种之一，在我国原分布的红树植物中，桐花树属广布种，自然分布于海南、广东、广西、福建、香港和台湾等省份。

4.3.6.1　采种

桐花树为隐胎生植物，花期为 3~4 月，果期为 7~9 月。成熟的隐胎生果（胚轴）呈月牙型，果皮由青绿色变为浅绿色。采种时，直接从母树上采摘成熟胚轴，并置于阴凉处的箩筐中或纱网袋中备用。

在海南岛，桐花树果实小，每果（胚轴）重 1g 左右（图 4-24）。

图 4–24　成熟的桐花树果实

4.3.6.2　播种

桐花树播种前用自来水或低盐度的海水浸泡果（胚轴）2~3 天，每天浸泡 5~6h。果皮开裂后，胚轴开始萌动生长。将装有果实的箩筐或纱网袋置阴凉处，每天淋水 3~5 次。5~7 天后，胚轴伸长 1~2cm 时将其直接插播育苗。桐花树胚轴短、小，插播初期易被潮水冲走，为确保成苗率，每个容器插播 2 个胚轴，待苗高 8~10cm 后，再将容器中的弱小苗剪除，保留 1 株健壮的小苗（图 4–25~ 图 4–26）。

图 4–25　萌发前的桐花树胚轴

图 4–26　开始萌发的桐花树胚轴

胚轴插播深度通常为 2~3cm，不宜过浅，否则浇水时水流会冲倒胚轴。胚轴插播后及时浇水，使容器中松动的育苗基质下沉与胚轴充分接触，有利胚轴固定。插播胚轴 1 周后要检查容器中的胚轴是否被水冲走，如发现胚轴损失，及时补播，避免空袋。

4.3.6.3 苗期管理

桐花树是真红树植物中耐淹、耐旱能力均较强的树种。但是圃地和育苗基质保持较高持水量有利于提高幼苗生长量。幼苗期间，每天结合潮水的涨退情况，浇水 1~2 次，将粘附在幼苗上的泥浆淋洗干净，并及时清除攀附在幼苗顶芽上的浒苔。

桐花树幼苗可适当用尿素或复合肥兑水淋施，提高育苗基质的肥力，促进苗木生长。

图 4-27　沙地苗圃培育的桐花树小苗

图 4-28　淤泥质苗圃培育的桐花树小苗

以上两张照片中，沙地苗圃育苗，由于缺水，小苗长势较弱。淤泥质苗圃育苗，由于水分充足，小苗长势较好。

4.3.7 海漆的育苗技术

海漆多生长于海岸高潮带，偶有生长于陆地上，是生长较快的红树植物之一。树皮纤维含量高，抗风能力较强，有较高的推广价值。

4.3.7.1 采种及种子处理

海漆是雌雄异株植物，一年四季均有花果，盛果期在 5~11 月。未成熟的果实为青绿色，果实成熟前，果皮变黄。果实干枯变黑后果壳自然开裂，种子弹出掉落于林地上，不易采集。因此，采种宜从树上直接采摘成熟的果实。果实采摘后摊放于通风、干燥的地板上，待果皮开裂弹出种子后，筛除种壳拣出种子装于贮种瓶中备用。海漆种子千粒重为 18.19g。

4.3.7.2 播种

目前，尚未有关于海漆种子贮藏的报道，种子宜随采随播，新鲜种子发芽率为 78%。

海漆种子颗粒小，空粒率高。育苗时，先在苗床上播种，待种子发芽长成小苗后再移植到育苗容器中。海漆播种的苗床选择在海水少浸淹或无海水淹及的地块。起垄做床之后，在苗床上铺 5cm 厚的营养土或沙壤土，再将种子均匀撒播到苗床上。播种后覆盖 0.5~1.0cm 厚的营养土或沙壤土。再用纱网盖住苗床，四周压实，避免大潮时海水冲刷或雨水淋失种子。最后用雾状的自来水淋浇床面，浇透为止，使种子和苗床上的土壤充分接触。

4.3.7.3 苗期管理

播种后不必每天浇水，可往苗床沟中灌水，保持苗床土壤湿润即可。海漆种子播种后 4~5 天开始发芽，疏松的土壤 10~15 天发芽完成，粘重的土壤需要 20 天才能完全发芽。种子完全发芽后 3~5 天即可掀开纱网，如遇强降雨天气，需及时将纱网铺盖住苗床，保护床上幼苗。

床上幼苗长出 3~5 片真叶后，可以移栽到育苗容器中。移栽时，用小竹片将幼苗带土挑起后栽植到直径大小为 8~10cm 的容器中。完成栽植后及时浇水，使幼苗根系与容器中的育苗基质充分接触，避免悬根死苗。海漆移植一般无需遮阴，如遇到高温曝晒时，可在中午前后适当遮阴 3~4 天。

移栽期间，每天浇水 3~4 次。幼苗成活后，每天早晚浇水 1 次。在海岸滩涂苗圃育苗，如有潮水淹及，退潮后要及时淋洗粘附在幼苗上的泥浆。

海漆在陆地育苗，从播种到移栽（长出 5 片真叶）约需要 50 天。移植后 6 个月苗高可达 40~50cm。

4.3.7.4 病虫害防治

海南岛西部的东方、儋州海岸曾发生成年大树有食叶害虫危害，种子虫害也较多。育苗中尚无有病虫害发生，需加强观察，发现虫害及时防治。

4.3.8 杨叶肖槿的育苗技术

杨叶肖槿地理分布较广，海南多个沿海市县有分布，但是数量不多，是珍稀红树植物之一。

4.3.8.1 采种

杨叶肖槿全年均有花果。蒴果球形，熟时黑褐色，不开裂。从树上或林下将黑褐色的球果采回，逐个掰开果壳取出种子阴干备用。种子千粒重为 193.6g。

4.3.8.2 催芽与播种

杨叶肖槿可采用催芽点播育苗和苗床播种育苗。催芽时将种子放入水中浸泡 2~3 天，每天泡 6~8h 后取出挂阴凉处，此后每天上午和下午分别将种子放入水中泡 1h 再取出挂阴凉处催芽。该植物种子发芽势低，催芽一周后，部分种子开始露白，待其胚根伸长 1cm 左右时，将其直接播种到育苗容器中。

播种的苗床选在高潮带潮水少淹及或不淹及的地块为宜。将苗床做好后铺 3~5cm 厚的疏松细土，均匀撒播经催芽的种子。由于种颗粒大，20cm^2 的床面播种 30~50 粒。撒种完成后在床面上覆盖 1~2cm 厚的疏松细土。用雾状水淋浇苗床或在苗床沟里灌水，通过苗床中的毛细孔将水分吸送到床面土壤。播种后要常观察苗床土壤湿度，湿润土壤有利种子萌发。

4.3.8.3 上幼苗移栽

播种 7~10 天种子开始发芽，从种子发芽顶出土面后即可用小竹片将幼苗挑起，栽植到育苗容器中。幼苗长出真叶前无侧根或侧根短、少，容易栽植，成活率高。移栽幼苗前后均需将育苗容器中的基质浇水，以保证育苗基质与幼苗根系充分接触，避免幼苗悬根枯死。

4.3.8.4 苗期管理

杨叶肖槿可在高潮带海水少淹及的地块育苗，也可在陆地上育苗。高潮带苗圃育苗偶有海水浸淹，土壤水分充足，有利于提高苗木的生长量。但潮水浸淹后要及时浇水，淋洗粘附在幼苗上的泥浆，同时降低土壤盐度。陆地苗圃育苗，每天早晚各浇水一次，确保苗木对水分的需求。

杨叶肖槿苗主根发达，侧根少。育苗容器选用直径大于 10cm 的营养袋（杯），摆放育苗容器时，在地表铺上厚薄膜，并在薄膜上铺 5cm 厚的沙壤土，方便后期起苗出圃。苗高 30cm 后，及时剪断伸出容器外的主根，促进侧根生长。

4.3.8.5 病虫害防治

杨叶肖槿育苗尚未发现有病害。如果是在高潮带育苗，常有螃蟹挖洞破坏苗床和育苗容器，需加强防治。在陆地苗圃育苗，幼苗期需注意防治地老虎和蟋蟀的危害。

4.3.9 水黄皮的育苗技术

水黄皮是常见的半红树植物，在海南岛沿海各市县的海岸带均有分布。是红树植物中抗风能力较强的树种，可大量用于营造沿海防护林。

4.3.9.1 采种

水黄皮花期 3~5 月，果实成熟期 8~9 月。荚果成熟后颜色由绿色变为黄色，干枯后自然掉落于树下。从树下将荚果捡回后剥开取出种子备用。水黄皮荚果常有虫蛀，种子采回后，将有虫眼的荚果剔除，并及时用杀虫剂浸泡备用的种子（图 4–28~ 图 4–30）。

图 4–28 成熟的水黄皮荚果

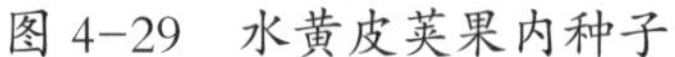

图 4-29　水黄皮荚果内种子

图 4-30　水黄皮种子害虫

有研究表明，种子含水量与发芽率有关，新鲜种水含水量为（47.19 ± 0.70）%，当种子含水量降到 11.69% 时，种子发芽率急剧下降。通过湿藏、沙藏和低温贮藏等试验均未能获得较好的效果（邱凤英等，2010）。建议用新鲜种子播种，以免影响发芽率和幼苗质量。

4.3.9.2　播种

水黄皮种子千粒重为 2.18kg，每粒种子约 2g。种子颗粒大，发芽势较高，可将种子直接点播于育苗基质中，播种深度为 0.5~1cm。播种完成后及时浇水，使种子与育苗基质充分接触。

4.3.9.3　苗期管理

在高潮带苗圃培育水黄皮苗木，偶有海水浸淹，土壤水分充足，有利于提高苗木的生长量。但是当潮水浸淹后要及时浇水，淋洗幼苗上的泥浆，同时降低土壤盐度，有利小苗的生长。

陆地苗圃育苗，需加强在浇水管理。每天早晚各浇水 1 次，提高育苗基质的含水量，促进苗木生长，有利于培育壮苗。

水黄皮苗木主根发达，侧根少，苗木出圃时土球脱落较多。因此，摆放育苗容器时，先在地表铺上薄膜，然后在薄膜上方铺 5cm 厚的滩涂沉积物或沙壤土，最后在滩涂沉积物或沙壤土上摆放育苗容器。培育小苗的容器选用直径为 8~10cm 的营养袋（杯），培育大苗的容器选用直径为 22~30cm 的营养袋（杯）。育苗过程中，当主根伸出容器外时，应及时剪断主根，促进侧根生长。

水黄皮苗冬季半落叶或落叶，苗木主要生长期在 4~9 月。在此期间应加强水肥管理，提高苗木生长量（图 4-31）。

图 4-31 新出土的水黄皮幼苗

4.3.9.4 病虫害防治

水黄皮育苗病虫害少，高潮带育苗需加强圃地管理，避免螃蟹在育苗区挖洞破坏。涨潮时海水携带的泥浆和垃圾对幼苗生长有影响，退潮后应及时淋洗泥浆，清理垃圾。在陆地育苗，种子发芽期间注意预防地老虎危害（图 4-32）。

图 4-32 水黄皮苗

4.3.10 银叶树的育苗技术

银叶树是我国红树植物中抗风能力最强的树种，树形优美、叶大，板根发达，有较高的观赏价值，可用于营造防护林或园林栽植。

4.3.10.1 采种

银叶树花期为 3~7 月，果期为 5~10 月，部分地方一年挂果两次。采种时，可直接从树下将果实捡回后置阴凉处备用。种子千粒重 2400~9000g。

4.3.10.2 播种

银叶树果壳厚、硬，水分不易渗透。播种前进行破壳处理可促进种子发芽。未破壳的新鲜果实直接播种育苗，发芽时间需要 60 天以上。破壳处理的种子播种育苗，发芽时间仅需要 30 天左右。

由于银叶树种源少，但其侧枝发达，苗木需求量大，为提高种植成活率，建议选用直径为 20cm 以上的容器育苗（图 4–33）。

图 4–33　银叶树果实（左图）和种子（右图）

4.3.10.3　苗期管理

在高潮带育苗，土壤湿润，每天浇水 1 次即可。在陆地苗圃育苗，每天早晚各浇水一次，确保土壤湿润。

银叶树 50cm 以上的大苗侧枝发达，在苗木抽梢前，建议剪除部分侧枝，促进苗木高生长。

苗木抽梢期间加强水肥管理，施以重肥，多浇水，有利于提高苗木生长量。施肥时，直接将适量复合肥颗粒撒在育苗基质中，再用土将复合肥颗粒覆盖（图 4–34）。

4.3.10.4　病虫害防治

银叶树育苗茎杆偶有虫蛀。出现蛀干虫害时，用杀虫剂兑水后，从茎干的虫眼处注射入洞中杀虫。

图 4–34　银叶树苗

4.4 炼苗

苗木达到出圃规格后，需进行炼苗，增加苗木的木质化程度，增强其抗逆性，提高种植成活率。

真红树植物炼苗时，将苗木连带育苗容器拔起，切断穿出容器外的根系。苗木断根后整齐摆放在滩涂让高盐度海水浸淹，提高苗木的木质化程度和抗盐能力。苗木断根始期，每天浇水 2~3 次；5~7 天后，让海水随潮汐规律自然浸淹。真红树植物炼苗时间长短与树种和炼苗环境有关，通常需 20~30 天时间。当苗木茎干的木质化程度和抗逆性明显提高，能适应在较高海水盐度的生境生长后即可出圃造林。

半红树植物炼苗时，将苗木断根修枝后整齐摆放于圃地中，每天浇水 1~2 次，避免苗木失水萎蔫。苗木出圃前 5~7 天停止浇水，保持土球结构。半红树炼苗通常需 15~20 天。

断根炼苗时，将伸出育苗容器外的根系全部剪断，并适度修剪部分侧枝以方便苗木搬运。

第5章

红树林种植

红树林种植是红树林造林修复施工的重要环节。在红树林造林修复中，因地制宜地选择适宜的季节、合适的树种、正确的方法、合理的密度，确保红树林种植成活。

5.1 种植方式

红树林种植方式通常指红树林造林修复施工过程的具体方法。种植方法按选用造林材料不同可分为苗木种植、胚轴插植、播种造林等。种植时，需根据树种的繁殖特性、造林地的立地条件、资金投入等条件选择种植方式。

5.1.1 苗木种植

苗木种植是以苗木为种植材料进行栽植的方法。苗木种植是应用最普遍的一种红树林造林修复方法，该方法具有成活率高和成林快的特点，但是成本相对较高。可适用所有红树植物。

苗木种植通常选用较高盐度的苗圃培育的苗木，且苗木有比较完整的根系和发育良好的地上部分，种植后能在较短时间内适应种植地的环境条件并恢复生长。

苗木种植多采用穴植法，即在经过整地的造林地上挖穴植苗。种植穴的规格比苗木土球大或根幅大，深度比土球或苗木根颈处原土痕高 2~3cm。苗木不宜栽植过深，否则影响根系呼吸，妨碍苗木恢复生长。苗木栽植过浅，易受潮水冲刷倒伏或被海浪卷走。

5.1.2 胚轴插植

部分红树植物具胎生现象，其繁殖体为胚轴。如红树科的木榄、海莲、秋茄、正红树、红海榄、角果木等。造林时，选用成熟的胚轴直接在滩涂上插植造林。该方法多用于螃蟹干扰小，潮汐和风浪冲刷较小的滩涂上造林。其造林成本低，滩涂上萌发的胚轴具有适应性较强，苗期生长快的优点。缺点是易受螃蟹挖洞和啃食破坏，浒苔和垃圾易挤压或覆盖新插植的胚轴或幼苗，潮汐或海浪冲刷影响也相对较大。

插植造林时，将胚轴顶芽朝上，长根端的尖头朝下直接插入泥滩，插植深度为胚轴长度的 1/3~1/2 之间，以胚轴能固定在滩涂上，不易被潮汐或海浪冲走即可。

5.1.3 播种

真红树植物生长于潮间带，潮汐和海浪冲刷影响相对较大，造林修复中少用播种方式造林。但是半红树植物生长于潮汐浸淹频率较少或无海水浸淹的海岸带上，部分树种可选用播种方式造林。如水黄皮、银叶树、杨叶肖槿等。

播种造林时，在整地好的地块上挖穴播种。中、大颗粒种子如银叶树、水黄皮等种子发芽率高，每穴播种 1 粒。杨叶肖槿等小颗粒种子发芽率低，每穴播种 3~5 粒。覆土深度为中、大颗粒种子覆土厚度为 3~4cm，小颗粒种子覆土厚度为 1~2cm。覆土后需轻拍压实。

5.2 种植季节

红树林种植季节与气候条件、造林方式、树种等密切相关。

5.2.1 气候条件

低温是影响红树植物种植的主要气候因子。海南岛属热带岛屿，年平均气温 22.5~25.6℃，最冷月在 1 月，极端低温为 6℃。海南岛南部全年均可造林，北部海口、文昌、澄迈等地区，当气温持续低于 15℃时，尽量不要种植，以免影响新植苗木恢复生长。

5.2.2 不同种植方式造林季节选择

红树林造林方式主要有苗木种植、胚轴插植、播种种植 3 种方式。苗木种植方式比较灵活，根据造林实施作业需要，气候条件适宜即可种植。胚轴插植方式造林，受胚轴成熟季节和胚轴储存技术的影响，插植季节以胚轴成熟期为准，随采随种。播种种植方式与树种有关，杨叶肖槿等部分树种能短期贮存的可根据种子特性和造林需要选择种植季节。水黄皮等树种不宜贮存的树种需随采随播。

5.2.3 树种

红树植物种类对种植季节的影响主要与气候、生物学特性、繁殖体等有关。自然分布仅限于海南岛的植物，其抗寒能力相对较差，冬季尽量少用或不用苗木种植。胚轴插植则不受季节影响，随采随种。

5.3 种植苗木规格

苗木规格是决定红树林造林成活率高低的重要指标之一，通常小苗采用苗高作为苗木规格的评价指标。

红树林造林适宜的苗木规格因树种而异，速生树种海桑等苗木规格以苗高 50~120cm，苗龄 8~18 个月为好。苗龄过小的苗木即使苗高达到种植要求，但由于其木质化程度较低、抗逆性差，造林成活率低，可以通过造林前炼苗提高其木质化程度。而苗高规格超过 120cm 的苗木在滩涂造林时，容易遭受风浪冲击倒伏死亡。虽然造林时采用竹竿扶植加固，但成活率仍会受到影响。

对于慢生乡土树种造林苗木规格相对较小，桐花树小容器苗（土球直径 6~8cm）高规格通常为 30~50cm，大的容器苗（土球直径 18~30cm）高规格为 80~120cm，冠幅

30~50cm；红海榄、正红树、木榄、海莲、尖瓣海莲、秋茄、白骨壤和海漆等其他树种的小容器苗高规格 40~60 cm 为宜。相同树种，苗木过小抗逆性差，苗木过高易受风浪冲击折断倒伏。慢生乡土树种适宜的苗龄，小容器苗 1~2 年为好；大容器苗，在光照充足的条件下，苗高规格在 100cm 以上，苗龄 3~8 年亦可。

半红树苗木如杨叶肖槿、水黄皮、黄槿和银叶树等苗木规格可根据造林需要，小容器苗木的规格以 25~40cm、木质化程度高的苗木造林成活率高。大容器苗木的规格根据后期管护条件选取，如水源充足的地方可选用规格为 150~200 cm 的苗木造林。

5.4 种植密度

单位面积造林地上栽植苗木的株数称为造林密度，又称初植密度。通常在陆地上造林密度与成活率无关，但红树林造林中存在高密度造林有利于提高成活率的现象。因此，合理的造林密度是红树林造林成功与否的重要保障。

5.4.1 宜林滩涂造林密度

宜林滩涂造林通常在风浪较小，不需抬高滩面或填滩高度较小，潮水冲刷影响不大的滩涂开展。东寨港保护区在风浪较小的三江湾滩涂开展造林试验，速生树种采用 1.0m × 1.0m、2.0m × 2.0m、2.0m × 3.0m、3.0m × 3.0m 和 3.0m × 4.0m 的造林密度，其中密度为 2.0m × 3.0m、3.0m × 3.0m 和 3.0m × 4.0m 的林分有利于乡土树种秋茄、桐花树和老鼠簕在林内自然更新，形成 2~3 层的复层林结构，而密度为 1.0m × 1.0m 和 2.0m × 2.0m 的林分不仅不利于乡土树种的自然更新，而且由于林内光条件不足，人工促进乡土树种更新也效果不理想。

因此，海桑属等速生树种可选用 2.0m × 3.0m~3.0m × 3.0m 的造林密度，林内可间种乡土树种，间种密度为 1.0m × 1.0m~1.5m × 1.5m。慢生乡土树种单独造林宜选取 0.5m × 1.0m~1.0m × 1.0m 的造林密度。

5.4.2 困难滩涂造林密度

困难滩涂造林地通常在风浪大、滩面高程过低，淹水时间长或高盐高沙等不利于红树植物生长的滩涂开展。科技人员在福建等地困难滩涂上开展红树林种植试验，分别采用 0.3 m × 0.3m、0.3m × 0.5m 和 0.5m × 0.5m 的高造林密度，取得了较好效果。东寨港保护区科技人员在困难滩涂外围选用速生树种营造 10~20 m 的林带，造林密度为 0.5m × 1.0m 和 1.0m × 1.0m，造林效果差别不明显；林带内部选用乡土树种红海榄、秋茄和桐花树等，造林密度为 0.3m × 0.3m、0.3m × 0.5m、0.5m × 0.5m、0.5m × 1.0m 和 1.0m × 1.0m；在风浪冲刷严重的种植带上，胚轴插植和营养袋小苗造林选用 0.3m × 0.3m 和 0.3m × 0.5m 效果较好，其他地方采用 0.5m × 0.5m 和 0.5m × 1.0m 的效果较好。

因此，困难滩涂造林，建议适当密植加速郁闭，使营造的林分能有效地防风护滩，减少海水冲刷损失。造林滩涂外缘 10~20m 种植速生树种宜采用 1.0m × 1.0m~1.0m × 2.0m 的造林密度，林内可间种红海榄、桐花树和秋茄等慢生树种苗木，间种密度为 0.5m × 0.5m~0.5m × 1.0m；其他滩涂种植海桑属的速生树种可选用 2.0m × 2.0m~3.0m × 3.0m 的造林密度，林内间种苗木密度为 0.5m × 0.5m~0.5m × 1.0m。如选用慢生树种造林，其密度宜采用 0.3m × 0.3m~0.5m × 0.5m。若采用大苗造林，则根据苗木冠幅和长势适当降低造林密度，苗木生长 2~3 年后，林分郁闭度或盖度可达 60% 以上即可。

5.4.3 退化林地种植密度

退化林地滩涂根据风浪影响程度大致可分为两类，一类是潮汐或风浪冲刷、侵蚀较小的林内滩涂。此类滩涂影响造林最主要的因素是螃蟹。新植红树苗木根系少，大量螃蟹在滩涂挖洞直接破坏苗木根系导致其枯死。螃蟹在苗木或幼树基部滩涂挖洞较多时，潮水冲塌洞穴，导致苗木或幼树基部滩涂积水也会影响其生长或枯死。此外，部分螃蟹还会啃食红树小苗基部的树皮，导致苗木输导组织受损后枯死。另一类是潮汐或风浪冲刷、侵蚀较大的林缘滩涂。这类滩涂影响造林的主要因素是海水冲刷导致滩涂地貌不稳定。

因此，退化林地种植红树林的密度可根据影响因素选择。对螃蟹影响较严重的林内滩涂，大苗种植密度为 1.0m × 1.0m~1.0m × 2.0m，小苗种植密度为 0.5m × 0.5m，插植胚轴密度为 0.3m × 0.3m；螃蟹影响不大的林内滩涂大苗种植密度为 1.0m × 2.0m~2.0m × 2.0m，小苗种植密度为 1.0m × 1.0m，插植胚轴密度为 0.5m × 0.5m；潮汐和风浪冲刷较大的林缘滩涂，大苗种植密度为 1.0m × 1.0m，小苗种植密度为 0.5m × 0.5m~0.5m × 1.0m，插植胚轴的密度为 0.3m × 0.3m。

5.4.4 退塘还林种植密度

养殖塘迹地通常潮汐和海浪冲刷不严重，螃蟹相对较少。通过整地后形成的滩涂，影响和制约红树植物苗木成活率的因素相对较少，造林密度可适当降低。这类造林地通常选用小苗种植或胚轴插植，小苗种植密度为 1.0m × 1.0m~1.0m × 2.0m，插植胚轴密度为 0.5m × 0.5m~0.5m × 1.0m。如果退塘还林区是在海岸前缘，风浪较大时，其造林密度可参照退化林地中潮汐和风浪冲刷影响较大的林缘滩涂造林密度，大苗种植密度为 1.0m × 1.0m，小苗种植密度为 0.5m × 0.5m~0.5m × 1.0m，插植胚轴的密度为 0.3m × 0.3m。

第6章

滩涂造林整地与防护措施

滩涂造林通常指“裸滩造林”或“光滩造林”，是指在没有红树植物生长的潮间带滩涂上营造红树林的过程。

红树林生长于潮间带上，受海水的周期性浸淹，每年均有大量的种子、胚轴随潮水的传播到海岸滩涂上。在适合红树植物生长的海岸滩涂，红树林能在一定的时间内自然更新繁殖。部分滩涂由于高程较低，海水浸淹时间较长，每年都有或多或少的种子在其上发芽并长成幼苗。但在幼苗生长过程中，由于无法适应较长时间的海水浸淹而逐渐枯死。这些滩涂地造林，可以通过人工辅助措施对造林地进行改造后再种植红树林。否则将是“月月植树不长树，年年造林不见林”。

6.1 造林地选择

红树林造林地选择需要考虑以下两方面的因素：

一方面，造林地是否能够在当前经济投入下，通过人为措施改造就能满足红树植物生长的要求。红树林造林需要考虑盐度、气候、静浪环境和滩涂高程等自然条件。气候是各地区固有的条件，人为手段难以改变；盐度和静浪环境的改变需要投入巨额资金，引入淡水资源或改造地形地貌，难度大，对当地生态环境影响也大；抬高或降低滩涂高程，创建适合红树植物生长的宜林滩涂，是诸多立地因子中，相对容易改造的因子，在滩涂造林中经常应用。

另一方面，充分考虑到维持生物多样性的需要。一个完整的红树林生态系统包括红树林、滩涂、潮沟和浅水水域。在红树林生态系统中，林内、林缘、滩涂、潮沟和浅水区几种生境中，林内的生物多样性相对较低，林缘、滩涂、潮沟和浅水区的生物多样性较高。虽然，红树林在这一生态系统中起到的主导作用不容忽视，但是盲目造林，通过侵占大面积滩涂提高红树林覆盖率，使鸟类失去觅食场所，海洋生物失去生存空间，将导致红树林生态系统的功能与价值降低。

因此，滩涂造林地应以历史上曾有红树林分布的滩涂，受人为破坏后遗留下来的红树林迹地为主。部分需红树林护岸的滩涂，现状无红树林分布或林带较窄的海岸滩涂，经充分调查和论证，确定不会对其他生物构成较大影响的前提下适度开展红树林造林。

6.2 造林地改造

红树植物生长需要满足温度、盐度、静浪环境和滩涂高程等多个条件。其中，温度和盐度可以通过树种选择来满足其需要；静浪环境与地形地貌有关，人工可以创建，但投入资金相对较多。红树林造林地改造在本书主要是针对滩涂高程偏低，无法满足红树植物生长的需要，通过工程措施改造使之达到红树植物的生长要求。

滩涂高程和临界淹水时间是制约红树植物生长的重要因子。目前国内外相关研究已对红树林生长带的高程作了很好的总结，并明确指出红树林最低生长带大致为平均海平面以上的海岸滩涂（张乔民等，1997）。低于平均海平面的滩涂需开展围堰和填滩两项工程措施创建宜林滩涂。

6.2.1 围堰

围堰是在造林填滩时修建的护岸设施，海浪冲刷不严重，填滩沉积物不易流失的滩涂造林无需围堰；对海浪冲刷严重的滩涂需实施围堰，避免填滩沉积物被海水冲刷流失。根据围堰使用时间长短，围堰可分为临时围堰和永久围堰。

6.2.1.1 临时围堰

临时围堰主要是针对有海浪冲刷不严重，造林 6~12 个月后，红树苗木生长能将造林地的沉积物固定下来的滩涂。临时围堰选用的材料通常是木桩、木板或沙袋等。

木桩和木板围堰通常可用 1~2 年左右，沙袋围堰使用期限大致为 3~6 个月。

木桩大小、长短和打桩密度与填滩高度有关。填滩高度 50~70cm，所需木桩尾径 10cm，长 250~300cm，木桩间距 50cm。木板厚度为 2cm，无缝或小缝衔接钉装。木桩、木板可选用木麻黄、杉木等均可。木桩大小、长短、桩间距与围堰填方有直接关系。围堰高度增高，沉积物的填方量增加，对围堰的压力也增加，需要选用木桩直径加大，长度加长，密度提高。当围堰高度增加到 1.0m 以上时，由于填滩的沉积物压力过大，需采用并排木桩围堰。围堰高度降低，沉积物的填方量减少，对围堰的压力也减少，选用木桩直径可减小，长度减短，密度降低。

实例一：三亚河上游红树林造林围堰

三亚河上游金鸡桥段原有少量的海桑和正红树，树种少、景观较差，需通过人工种植红树林改造河道景观。项目区河道开阔，宽度为 140~180m，河道原表层沉积物为排污和泻洪携带来的淤泥，下层为沙质沉积物，无红树植物生长区域的滩涂高程较低，需要填滩后才能种植红树林，填滩高度为 70~80cm。河道上游，在非台风季节无风浪影响，河道内无船只通行。

由于该区域沉积物黏性小，易被潮水冲刷流失，需采取先围堰后填滩的作业方式。此作业方式难度在于填滩后沉积物产生的压力对围堰影响较大，围堰如不牢固，将被填滩的泥沙挤垮。因此，围堰材料选用新采伐加工的木麻黄木桩和木板，木桩尾径 10cm，长 300cm，木板厚度 2~2.5cm。作业时利用挖掘机将木桩垂直压入泥滩，木桩压入泥滩深度为 200~220cm，再将木板整齐钉装在填滩一侧的木桩上，木板接口要整齐，衔接缝尽量小，避免填滩沉积物流失。围堰完成后再用挖掘机从河道中将沉积物挖出填到种植带内。填滩作业示意图见图 6–1 和 6–2，填滩效果图见 6–3。

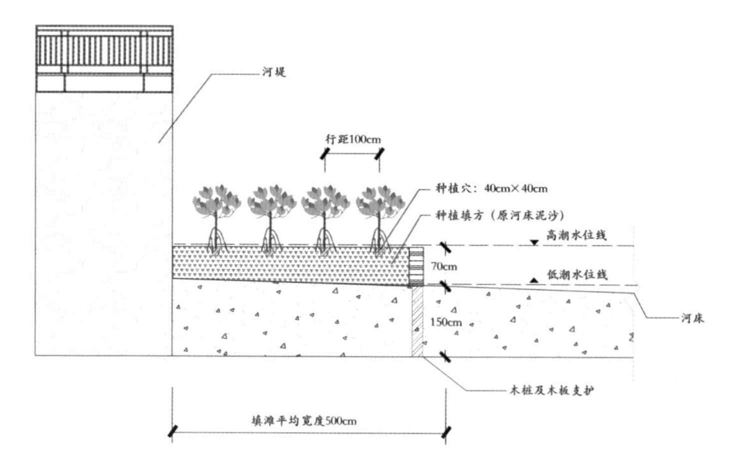

图 6–1　三亚河上游红树林造林施工局部切面图

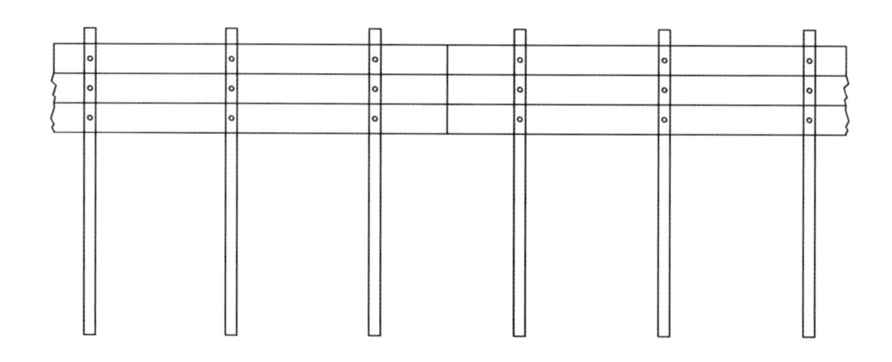

图 6–2　三亚河上游红树林造林临时围堰示意图

图 6–3　三亚河红树林造林临时围堰

实例二：东寨港星辉村滩涂红树林造林围堰

东寨港星辉村滩涂由于滩面低，几乎无红树林生长，海浪对沿岸冲刷侵蚀非常严重。2011 年，保护区管理局在该区域开展红树林造林。由于滩面开阔、无壁障、海浪冲刷较严重，如无防护设施，填滩沉积物易被海浪冲刷流失。因此，造林设计时建议使用沙袋围堰防护，防护高度 50cm，防护时间 1 年（图 6-4）。

按造林设计，施工采取先填滩后沙袋围堰的方式。项目实施后，围堰袋在强光、高温等条件下 1 个月后即开始腐烂，袋内填充物沙泥质沉积物流失较多、堰体高度明显降低，需人工再次围堰。这种围堰方式使用时间短，围堰袋腐烂后易造成污染。为确保围堰效果、避免污染，项目后期将沙袋围堰改为木桩和木板防护，木桩尾径 8~10cm，长 250cm，木板厚度为 1~1.5cm，桩距 100m。

使用木料围堰防护，其材料成本有所提高，但人工成本降低，效果比沙袋围堰好。本项目采用的木桩能满足围堰需求，但木板厚度不够，抗性差，使用 6~8 个月后部分木板被海浪冲毁，需人工后期修复（图 6-5）。

图 6-4　东寨港星辉村造林采用沙袋临时围堰

图 6-5　东寨港星辉村造林采用木板、木桩临时围堰

实例三：东寨港野菠萝岛造林围堰

东寨港野菠萝岛造林同样属低滩造林，需填滩后植树，填滩高度为 30~70cm。造林设计和施工借鉴了星辉村造林经验，直接选用木料围堰。但是木料规格有所改变，木桩选用尾径 10cm，长 400cm 的木麻黄木桩，2cm 厚木麻黄木板，桩距 50~100cm（图 6-6）。

施工程序改为：填滩→围堰→填滩。

首先，利用挖机填出垄状宜林地，在其边缘打桩围堰；之后再次挖泥填滩。第二次填滩时围堰的外侧也用沉积物将其填实，有一定的保护作用。种植带的沉积物对围堰木板有支撑作用，外侧的沉积物对木板短期内有保护作用，减少团水虱等钻孔类动物在木桩和木板上钻孔破坏。

本工程完工两年后，围堰仍完好无损，防护效果较好。

图 6-6　东寨港野菠萝岛造林临时围堰

6.2.1.2　永久围堰（护坡或驳岸）

永久围堰（护坡或驳岸）主要用在海浪冲刷严重，需要一些工程辅助措施挡浪护滩的造林地。永久围堰材料可采用牡蛎壳或石块等。

牡蛎壳围堰工艺类似海岸边用石块干砌的驳岸，其截面呈梯形。先将护坡堆砌好后再从河道挖泥回填到种植带上，淤泥质沉积物会填充到牡蛎壳间的缝隙，与堰体形成一体。

在风浪较大的海岸带上，用不规则的石块采用干砌或抛石方式，在海岸带上修建成带状消浪掩体，保护造林区域的滩涂，避免沉积物冲刷流失。

实例一：东寨港演丰东河牡蛎壳围堰

东寨港演丰东河两岸沉积物长期受行船影响，冲刷流失严重，河道两岸的红树植物不断倒伏死亡，河道加宽。为了保护两岸红树林，保护区管理局 2014 年采取了打桩围堰的方式应对冲刷，但木桩和木板受团水虱钻孔危害，仅半年即严重损毁，防护效果不好。2015 年，改用牡蛎壳呈墙体堆砌的方式进行防护，取得较好效果。牡蛎壳围堰属本地海洋生物废弃物的重新利用，不会造成污染；牡蛎壳堆砌后在靠树一侧填入海泥后加强堰体牢固度，不易松动，消浪护滩效果明显；牡蛎壳个体间较多的孔隙也为螃蟹、海蛙等多种海洋生物提供了栖息场所，有利于其生存。

东寨港演丰东河牡蛎壳围堰规格为高 0.7~1.1m，下底宽 1.7m，上底宽 0.8cm，底部基础入泥滩深 0.3cm。设计图见图 6–7，效果图见图 6–8。

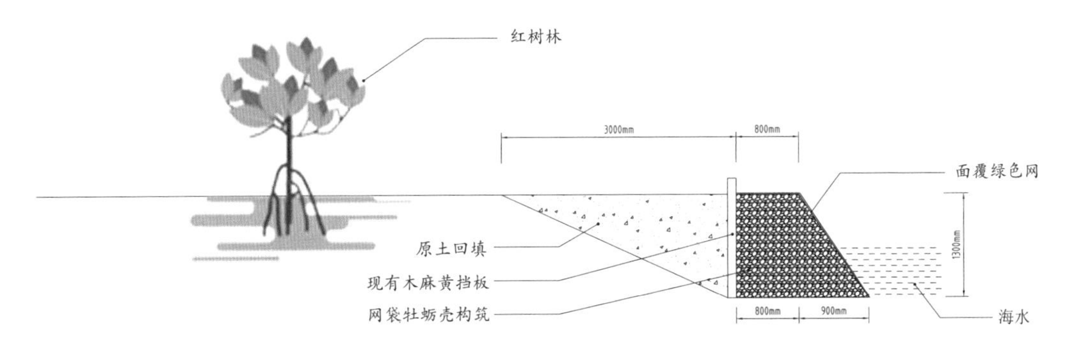

图 6–7　东寨港演丰东河红树林生态修复护坡设计图

图 6–8　东寨港演丰东河采用牡蛎壳进行围堰

实例二：儋州抛石围堰

儋州湾滩涂开阔，南岸滩涂地势平缓，海浪对岸带冲刷较大，几乎无红树林分生长。南岸北段原有部分养殖塘，2000 年前后退塘还林后，将修建养殖塘的石块抛放于临海面的堤坝外缘形成消浪掩体，养殖塘迹地形成较好的静浪区，对红树林更新生长起到较好的保护作用（图 6–9）。

图 6-9　儋州湾退塘后留下的堤坝掩体

6.2.2　填滩

6.2.2.1　填滩高程的确定

红树林只能生长于平均海平面以上，在较低滩涂上造林需要采取填滩的工程措施填高滩涂。确定填滩高程的方法通常以邻近相同群落红树林的滩涂高程为参照点。通过测量造林地块与参照点的高程差来确定填滩高度。如果参照点的红树植物种类与造林备选树种不同，则需要根据红树植物在潮间带上的分布特征和造林地的潮差进行修正。

滩涂高差可通过水准仪或水位仪测量，也可自制潮差杆测量（图 6-10）。自制潮差杆测量时，在笔直竹杆（或 PVC 管）上连续绑定开口小瓶，瓶口向上，退潮时将潮差杆插在各测量点。以生长有红树植物的测量点为参照点，涨潮时海水灌入水平面以下所有小瓶内。通过比较各潮差杆灌水小瓶的高度判定滩涂的高程差；潮差较小的地方也可多人在涨潮时同时测量水深，通过对比水深来判定滩涂高程差。

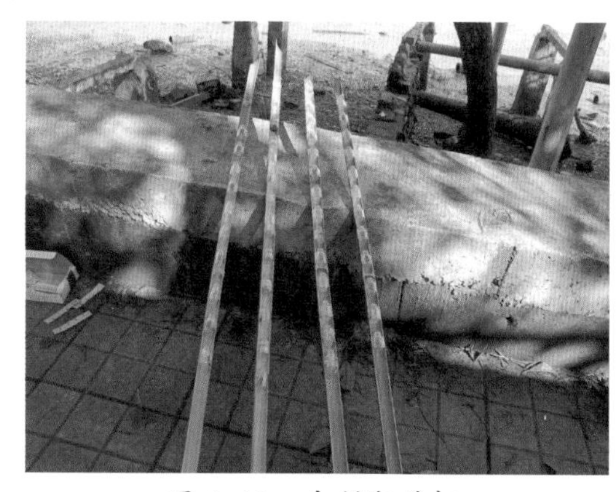

图 6-10　自制潮差杆

图 6-11　填滩高程测量

填滩时考虑到沉积物沉降和潮水冲刷等因素，在确定填滩高度时，根据填滩区域风浪冲刷强度和沉积物类型，适度增加填滩高度，但不能高于最高潮位线（图 6-11）。风浪大、冲刷严重、沉积物流失多的滩涂，根据现场实际情况，填滩高度增加幅度 10~20cm。风浪小、冲刷强度小、沉积物浪失少的滩涂，增加幅度 5~10cm。相同冲刷强度下，沙质沉积物比淤泥质沉积物容易流失，可适度增加填滩高度。

6.2.2.2 填滩施工工艺

造林填滩有客土填滩和原滩涂沉积物填滩。客土填滩成本高，海水冲刷后土壤流失量大，且客土对海洋动物、浮游生物、微生物可能产生不良影响。因此，红树林填滩造林建议选用原滩涂沉积物填滩。原滩涂沉积物填滩通常采用挖沟取沉积物填滩涂和吸泥吹填滩涂两种施工工艺，两者的优缺点见表 6–1。

表 6–1 吹填和挖填比较表

作业方式	优点	缺点
挖填作业	（1）挖填泥流失量小，回填后基本可直接种植，有利于按计划内时间种植或分段交工验收抢种； （2）围堰断面小，造价低； （3）泥质易于控制； （4）围堰布置灵活； （5）围堰与挖填可形成流水作业。	（1）受潮汐影响，作业时间有限，挖填施工周期长； （2）挖填泥造价高； （3）作业所需挖机、船只等设备多。
吹填作业	（1）作业时间有保证； （2）吹填作业快； （3）吹填泥造价较低。	（1）泥浆流失量大，沉淀物多为粗颗粒沙土，泥质难控制； （2）沉淀时间长，一定时间内仍不宜直接种植； （3）围堰断面大，造价高； （4）风险较大，施工期一旦出现意外，造成的危害大，与周边工程施工抗干扰能力弱； （5）同一围堰内难以按设计形成不同设计标高的填土。

根据以往造林实践，吹填作业主要应用于沙质滩涂或含水量高的浆状淤泥质滩涂。其他类型的造林地建议采用挖填作业。挖填作业时，将滩涂表层沉积物（约 30cm 深）置于造林地表面，底层沉积物置于造林地下层。挖填作业使造林作业区形成不同高程的滩涂和浅水区，提高生境异质性，为海洋生物创造多种生存环境，有利于增加造林区的生物多样性。

6.2.2.3 填滩形状和面积

采用吹填工艺填滩，可将种植区连片吹填。吹填时，吸泥沙的地方需远离种植区，避免围堰崩塌后沉积物流失。

采用挖填工艺填滩，可将种植区划分为带状或块状填滩，填滩的沉积物从种植区两侧的非种植区挖取。由于挖掘机机臂长度有限，填滩宽度通常为 20~30m。填滩时，如果种植带宽度小，填滩沉积物被潮水冲刷后，种植带易垮塌。种植带的宽度越大，填滩沉积物越稳定，但挖掘机作业需多次挖运沉积物，挖填成本增加（图 6–12~ 图 6–14）。

图 6-12　广东电白水东湾浮水挖掘机填滩作业

图 6-13　东寨港保护区履链挖掘机填滩作业

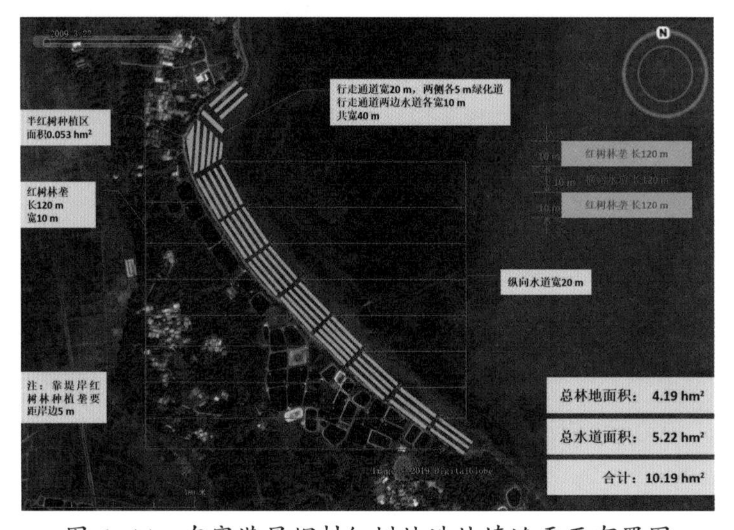

图 6-14　东寨港星辉村红树林造林填滩平面布置图

6.3 防护措施

红树林造林后的防护措施主要有围网保护和插杆扶植。

6.3.1 围网保护

滩涂是当地渔民捕捞和赶海主要作业区之一，滩涂新植幼树常受到渔民捕捞和赶海作业时踩踏破坏。海水涨潮时，海上垃圾、水葫芦等漂浮物随水漂入林地挤压、覆盖幼树。因此，造林后需在造林地四周尤其是海水流经的位置围网保护，围网措施见图 6-15 和图 6-16。

围网高度要超过造林地的最高潮位，采用的木桩或抗压力强的竹杆插入泥滩后绑定网具，网具可采用深海捕捞作业的旧渔网。此类渔网网孔较大（网孔 15 cm 左右）、着色较深、经济耐用，且不会对海洋动物和鸟类造成影响。

图 6-15　东寨港星辉村造林围网施工

图 6-16　东寨港星辉村红树林造林地围网拦截垃圾

6.3.2 插杆扶植

造林后，对苗高达到35cm及以上的苗木需插杆扶植，以防止风浪对苗木的冲击损害。可选用直径为1~1.5cm长度比苗木高40~50cm的竹竿插杆扶植。先将竹竿抵近苗木插入泥滩，下插时避免损害苗木根系。然后用绳子将苗木茎干抵近竹竿系好即可。竹竿离苗木的距离2~3cm。

图6-17 红树林造林地对苗木插杆扶植

6.4 造林管护

为确保红树林造林成活率，在红树林造林后需加强管护。通常速生树种造林管护期需1~2年，慢生树种造林管护期需2~3年，当林分郁闭后可进行较为粗放的管理。造林管护内容包括：补植苗木、清理林内垃圾和青苔、防治藤壶或其他虫害、制止无关人员进入林地破坏苗木等。

6.4.1 补植苗木

在宜林滩涂造林成活率较高，但在盐度高、立地条件差的困难滩涂造林成活率相对较低，在管护期内，需定期组织管护人员现场巡护，发现病苗死苗时将其拔除带离林地后烧毁，并及时补植健康苗木，确保造林成活率，使林分及早郁闭。

6.4.2 清理林内垃圾和青苔

林地滩涂上的垃圾和攀附于围网上的垃圾要及时清理，确保林地卫生，减少病虫害发生。

近年来，由于近海及海岸带存在大规模海产品养殖，养殖投放饵料增加海水的富营养化程度。冬、春两季林内滩涂常滋生大量浒苔，涨潮时，浒苔攀附在苗木或幼树上，造成其折干、倒伏甚至死亡。部分浒苔将苗木或幼树的叶片和嫩芽包裹后，影响其正常生长，需要及时清理（图 6–18）。

图 6–18　东寨港星辉村滩涂造林地的青苔

6.4.3 防治藤壶和其他虫害

在低潮带或高盐度滩涂上，藤壶附生在红树植物的茎干上，对苗木或幼树有较大危害。茎干上附满藤壶后，致使其负重过大而倒伏死亡。对潮位较低或盐度高的造林地，在造林时可适当填高滩涂，减少海水浸淹时间。同时，采用大苗、高密度种植，促进林内滩涂淤积，有利于林分提早郁闭，减少藤壶危害。

藤壶防治较为困难，普通农药喷杀对其影响不大。有研究表明：油漆与马拉硫磷混合后涂在树干上防治效果可达 100%（李云和郑德璋等，1998），但涂药会污染海水，影响当地的海洋生物。防治藤壶的方法通常采用人工刮除的办法进行防治。当发现藤壶附生于红树苗木或幼树时，及时清除。当其大量附生后再清除易导致树皮脱落受损，影响苗木或幼树生长（图 6–19）。

图 6-19　藤壶危害新植拉关木幼树（左图）和藤壶危害秋茄新植幼树（右图）

在海南岛新造红树林少发生食叶害虫大面积危害。2011—2012 年，海口万绿园外滩新造红树林中曾连续两年 4~6 月发生了严重的蛾类食叶害虫危害，害虫将幼树叶片、芽和幼枝全部吃光，个别幼树枯死。在东寨港星辉村滩涂新造红树林也曾发生少量旋古毒蛾危害幼树的事件。食叶害虫主要危害海桑、无瓣海桑、拉关木和白骨壤等（图 6-20）。

虫害发生时，应加强监测，如不严重，不必防治。但当虫害严重时，需采取药物防控。如，可用菊酯等杀虫剂喷杀。喷药时，药液应对着树冠从下朝上均匀喷洒，避免药液过多飘　落到滩涂上。

图 6-20　杯萼海桑幼树虫害（左图）和拉关木幼树虫害（右图）

6.4.4 盐害

高盐度地区种植红树林易发生盐害。盐害发生时，红树植物叶片明显增厚，幼树生长受到抑制。盐害通常不会造成红树植物死亡，当雨季到来后海水和滩涂沉积物的盐度降低，受害植物将恢复正常生长（图 6-21）。

在高盐度海岸带造林，要根据造林地的海水盐度和气候特点选择耐盐的树种，并通过人工挖沟促进造林地内水系循环、增加海水对林地的浸淹频率等措施降低造林地的沉积物盐度。同时选在雨季造林，有利于减少盐害发生，促进幼树生长。

图 6-21　受盐害增厚的无瓣海桑叶片（左图）和受盐度增厚的许树叶片（右图）

第7章

退塘还林

退塘还林是修复破碎化红树林生态系统的一个重要举措。退塘还林包括人工退塘还林、人工辅助退塘还林和自然退塘还林等。人工退塘还林是指对养殖塘进行人工整地后种植红树植物苗木或插植红树植物胚轴的造林方式；人工辅助退塘还林是通过人工整地等辅助措施创建适合红树植物生长宜林环境，使进入林地内的红树植物种子或胚轴能正常更新生长；自然退塘还林是指不需要采用辅助措施，停止养殖行为后养殖塘生态系统自然更新生长红树植物的修复方式。

7.1　退塘还林的作用

（1）减少污染源

使用养殖塘开展水产养殖过程中，尾水排放和底泥清淤对养殖区周边的自然环境造成严重污染。有研究表明，每公顷养殖塘每年排放的废水和底泥大约含氮 0.73t、磷 0.345t。大面积退塘还林能从源头上减少污染物排放，对水体质量改善起到重要作用。

（2）改善破碎化的自然景观

养殖塘原为红树林分布区或海岸滩涂，毁林挖塘破坏原有的植被，改变了原来的地形地貌。原本连片分布的植被、滩涂受养殖塘阻隔而呈现出破碎状态，降低景观质量。通过养殖塘修复，消除现有的破碎化因素，改善当地的环境条件，恢复自然地貌和景观，促进生态系统健康发展。

（3）提高生物多样性

养殖塘内生物种类较少。养殖塘修复后，其迹地得到恢复，生态系统得到改善，各类生物将随潮水等媒介进入修复区内繁衍栖息，增加了这些区域的生物多样性。

（4）增强生态系统的防护功能

红树林依靠高密度的树体在海岸带上形成林墙效应，破碎化的生态系统防护功能非常脆弱。实施退塘还林，人工或自然更新的红树林成林后，将与原生红树林形成新的防护体系，其防护功能将得到较大增强（图 7–1）。

图 7–1　红树林防护林带图（左图：海桑林带，右图：正红树林带）

7.2 养殖塘修复设计理念

（1）湿地修复理念

通过人工干预修复，将严重富营养化的养殖塘通过改造修复成原生态的红树林、潮沟、浅滩和水域，重塑红树林湿地多样性景观。

（2）保护珍稀濒危物种的理念

通过养殖塘修复，为珍稀濒危生物提供良好生境，促进海陆过渡带上珍稀濒危物种恢复。

（3）合理构建防护林带的理念

红树林是重要的沿海防护林之一。合理实施造林修复，增加红树林带宽度，提高防护功能。

（4）湿地生态效益与经济效益相结合的理念

实施养殖塘修复，通过重建异质性生境，恢复自然景观的同时，增加生物多样性，提高红树林湿地产出和"绿水青山"与"金山银山"转换率，促进当地经济的可持续发展。

7.3 养殖塘修复基本要素

红树林湿地生态系统通常由红树林、滩涂、浅水湿地水域和潮沟水系4种生境单元组成。红树林具有防风消浪、促淤造陆、净化染污等重要功能，在整个生态系统中起着关键性作用，它能为林内和其他生境单元的诸多生物提供良好的栖息场所及丰富的饵料。但是，有学者调查表明，林外滩涂、浅水水域和潮沟水系的生物多样性高于有林地。因此，红树林生态系统丰富的生物多样性，强大的生态功能是由该系统中多个要素共同作用实现的，部分要素的缺失将导致生物多样性减少，弱化该系统的功能和价值。例如，常作为评价红树林湿地生态系统健康重要指标之一的水鸟，其栖息场所多在红树林内，主要觅食场所为林外滩涂、浅水水域。缺少了滩涂和浅水水域，鸟类将无觅食区，无法在红树林内长期栖息。

在养殖塘修复中，应摒弃"以林为纲"，全域种植红树林的理念，以生物多样性可持续发展为目的，坚持以提高生态系统综合服务功能和价值为根本需求，将红树林湿地生态系统的4种地貌单元视为一个整体。通过多种生境修复，最终实现生态价值最大化。

7.4 养殖塘修复方式与技术措施

当前，养殖塘的修复方式主要有人工退塘还林、人工辅助退塘还林和自然退塘还林3种方式。

7.4.1 人工退塘还林

人工退塘还林主要针对高盐度、立地条件差、人为干扰多等条件较为恶劣的生境，需要短时间成林的修复区。

7.4.1.1 整地

养殖塘通常分为高位养殖塘和低位养殖塘。高位养殖塘的地势通常较高，养殖塘四周和塘底用塑料膜、混凝土或砖块等硬化，形成“三面光”塘体。低位养殖塘的地势通常较低，无塑料膜、混凝土或砖块等硬化材料，保持土质塘体。

养殖塘整地包括清理附属物和填塘整地。首先将养殖塘的塑料膜、混凝土、砖块、进排水闸门和养殖设施清除并搬离现场。其次根据养殖塘底部高程确定填塘与否。如果养殖塘底部高程未达到平均海平面高程，需将养殖塘堤坝的土挖填于塘底，使养殖塘底部红树林种植区域的滩涂高程达到其生长所需高程（图 7–2）。

填塘整地时，需注意保留潮汐通道，确保涨退潮时海水能够正常交换。

图 7–2　文昌清澜港保护区退塘还林整地现状图

7.4.1.2 抚育管理

种植红树林后需要人工抚育管理，定期巡护、补植苗木、清理林地内的垃圾等。抚育管理时间根据造林树种生长速度确定。速生树种通常人工抚育管理 1~2 年，慢生树种人工抚育管理时间相对较长，通常为 2~3 年。

红树林生境复杂，造林成活率低，在退塘还林中需加强定期巡护。既要防止无关人员进入林地内捕捞作业、随意踩踏等破坏苗木的行为发生。也要留意苗木生长情况，发现苗木受损后及时补植健壮苗木，使林分尽早郁闭，增强抵抗力。

退塘还林区内，常有垃圾随潮水漂入林地内。冬春季节，部分低洼区域常生长大量浒苔，当青苔攀附在幼树上时，影响幼树光合作用甚至将其压折压倒。因此，巡护中，发现林地上有垃圾和浒苔要及时清理，以免影响苗木或幼树生长。同时，对低洼积水处及时挖沟排水，保持种植苗木的区域无积水（图 7–3）。

图 7-3　东寨港保护区人工退塘还林 20 年后效果图
（左上图：秋茄和桐花树，右上图：无瓣海桑，左下图：无瓣海桑、桐花树和海莲，
右下图：杨叶肖槿）

7.4.2　人工辅助退塘还林

7.4.2.1　整地

养殖塘整地措施和方式与人工退塘还林整地相同，在完成塑料膜、混凝土、砖块、进排水闸门和其他废弃设施清理工作后，根据塘底高程确定填塘措施。如果塘底高程满足红树植物生长要求，不必填塘。当塘底高程达不到红树植物生长高程时，在保留潮汐通道，确保涨退潮海水正常交换的前提下，将养殖塘堤坝挖填于塘底，使之满足红树植物生长需求。

7.4.2.2　人工抚育管理

人工辅助退塘还林的抚育管理非常重要，首先将退塘还林区全部列为封滩育林区，设立警示牌告戒无关人员不得进入封滩育林区，避免人为踩踏、捕捞等活动破坏苗木。另外，应进行定期或不定期巡护，及时清理垃圾杂物，尤其是冬、春季节需及时清除青苔等，减少其对幼苗或幼树的损害（图 7-4）。

图 7-4　东寨港保护区人工辅助退塘还林 20 年的效果图

7.4.3　自然退塘还林

在人为干扰少，周边有充足种源的区域，退塘后无需采取任何人工辅助措施，随着时间推移，养殖塘底部逐渐淤积达到红树植物生长高程要求后，潮汐携带来的红树植物种子或胚轴在塘内自然萌发生长，最终成林。

自然退塘还林无需整地和投入更多人力实施抚育管理，但需对修复区实施封滩育林。在退塘还林区边缘设置相关提示牌和必要的拦护设施，减少人、畜进入林地内干扰和破坏（图 7-5）。

图 7-5　儋州新盈湿地公园自然退塘还林效果图（左图：5 年，右图：20 年）

第8章

退化红树林的修复技术

8.1 引起红树林退化的几种原因

（1）滩涂淤积过快

红树林生长于海岸潮间带，携带泥沙的咸淡水进入林内后，由于流速减缓，泥沙在林内沉积下来，这就是红树林强大的促淤造陆功能。

如果滩涂淤积过快，滩涂高程升高，红树林受海水浸淹时间减少，原生植物退化，林分会发生演替。三亚市青梅港红树林保护区入海口段的角果木 + 正红树群落就是乔木群落退化演替为灌木群落的例子。正红树生长在中低潮带，角果木生长于高潮带，两个树种多以纯林的方式分布于滩涂的不同潮带。该区域的正红树原以纯林方式分布于滩涂上，后期由于泥沙淤积使林地内的滩涂高程不断升高，潮汐浸淹频率减少，浸淹时间缩短，正红树长势逐渐变弱，角果木胚轴漂入林内更新生长。最终演替为角果木 + 正红树群落。

（2）人为砍伐和捕捞破坏

近年来，国家对红树林的保护力度在不断加强，大面积砍伐破坏红树林的事件几乎不会发生，但是少量砍伐破坏事件偶有出现。人为砍伐破坏主要发生在养殖塘周边，有些养殖户为养殖需要而砍伐个别植株。

红树林分布区生物多样性较高，渔民进入林内捕捞螃蟹、贝类或可口革囊星虫等各种海产品。在捕捞作业时，挖泥滩会造成红树植物根系破坏、沉积物流失，严重时造成滩涂高程降低、林内积水，最终导致红树植物死亡。

（3）排污

红树林湿地具有净化污水的功能，但当养殖污水集中排放量过高时，会造成红树林大面积枯死。同时，染污物在林内淤积也会影响林内水体交换，对红树植物生长不利（图 8–1）。

图 8–1　养殖排污造成红树林死亡

（4）林内养殖

红树林内有贝类、蟹类、鱼类等多种海洋生物，为林内养殖创造了绝佳环境。近年出现了在红树林内大规模、高密度养殖咸水鸭的现象。红树林内高密度养殖咸水鸭将造成林内沉积物流失，大量螃蟹、贝类和鱼类等林内动物消失，部分红树植物倒伏死亡。咸水鸭养殖造成水体富营养化也会间接引起钻孔类海洋动物团水虱大量繁殖。团水虱大量繁殖时在红树植物基础部钻孔危害，高密度孔洞破坏植物体输导组织，轻则影响红树植物生长，严重时导致红树植物枯死（图 8-2~ 图 8-4）。

图 8-2　红树林缘圈养、放养咸水鸭

图 8-3　咸水鸭养殖基地内红树林大量枯死

图 8-4　团水虱钻孔破坏红树植物主干基部

（5）垃圾

由于对海岸疏于管理，垃圾较多。海水涨潮时携带大量垃圾进入红树林内。长久以往，林内大量垃圾堆积对红树植物生长造成一定影响（图 8–5）。

图 8-5　红树林缘处攀附的垃圾

（6）自然灾害

红树林具有防风消浪的功能，但超强风浪对红树林具有一定的破坏力。2004 年，印度洋海啸发生时，沿岸部分红树林被海啸摧毁。2014 年 7 月 17 日，18 级超强台风“威马逊”正面袭击海南东寨港，部分高大的红树林受到严重破坏（图 8–6~ 图 8–7）。

图 8-6　泰国被海啸摧毁的红树林

图 8–7 超强台风“威马逊”在东寨港损毁的红树林

（7）三叶鱼藤大量繁殖

三叶鱼藤是我国红树林常见伴生植物。近年来，其大量繁殖攀爬到红树林冠上，影响红树植物光合作用，严重时导致红树植物枯死（图 8–8~ 图 8–9）。

图 8–8 三叶鱼藤正在快速蔓延危害低矮红树林灌丛（儋州）

图 8–9 河道边的三叶鱼藤（东寨港）

（8）城镇化建设

造成红树林生态系统退化或消失的城镇化建设主要是人工海堤、港口码头、房地产和道路建设等。

海南岛海岸线总长 1528 km，海堤工程石堤长度已达 127 km（刘琦波等，2006；张从联等 2008；李春干等 2004；王友绍等，2013），近年来海堤的建设速度有增无减。东寨港保护区近 3 年来，大部分红树林已成为堤前红树林。严重影响红树林生态系统信息流和能量流的交换（王文卿等，2006）。随着全球气候变暖导致海平面上升，已无退路的红树林只能从退化到消失。

港口码头、房地产开发和沿海道路建设也是造成红树林退化或消失的重要因素。2005—2011 年，琼海谭门港红树林在路桥和码头建设中消失；个别港湾周边房地产开发过程中，由于施工导致对港湾入海口潮汐通道缩小或堵塞，导致大面积红树林在极端天气发生时枯死。

8.2　残次林地造林前整地

红树林严重退化时，大量植株枯死、根系腐烂，导致滩面降低、林地积水。原本适合红树植物生长的滩涂变为非宜林滩涂。红树植物的种、苗无法在林地内自然更新。这类残次林地在修复时，需加宽加深林内潮沟，使林地排水顺畅；同时，通过挖沟填滩起垄的整地措施，抬高种植带的高程，减少海水浸淹时间，增强种植带滩涂的透气性，改善林地沉积物理化结构，满足红树植物的生长要求。

地势较高处的退化红树林地，如果林内仍有活立木，且滩面沉降不明显可直接造林修复；对于淤泥质或泥沙质沉积物的滩涂，林内螃蟹活动较多的，需对滩涂进行翻耕后再实施造林。翻耕沉积物将有利于改良沉积物结构，增强透气性（图 8-10）。

图 8-10　东寨港演丰东河实验区退化红树林地机械起垄整地

8.3 残次林地造林防护设施

8.3.1 围堰防护

在以淤泥质沉积物为主的低洼积水迹地内实施起垄修复，由于沉积物湿软，种植垄易垮塌。因此，退化林地面积较大，机械作业对生境破坏不大时，采用机械起垄，加大种植垄宽度，有利保持种植垄的稳固；当造林地不适合机械作业时，可采用人工起垄，但人工起垄的宽度较小，容易垮塌，可在种植垄四周采用木桩木板围堰防护；在受水流影响较大的潮沟边缘起垄修复，也应采用围堰加以保护。

8.3.2 围网防护

在人工捕捞活动较多，海水漂浮垃圾、杂物较多的修复区，需拉网防护，减少对新造林林地和幼苗、幼树的影响。

8.3.3 竖立警示牌

在人为活动较多的地方设置警示牌，提醒捕捞作业人员不宜进入修复区内干扰林地、幼苗和幼树。

8.4 残次林地造林管护

退化红树林修复的管护期通常为 2~3 年。设计时可结合立地条件和选择的树种确定。对于立地条件好，造林树种生长速度较快的林地，管护期可适当缩短为 1~2 年；对于立地条件差，造林树种以慢生树种为主时，管护期需延长到 3 年，以确保护造林成活率。

管护工作主要包括巡护管理、补植苗木、清理垃圾和维护种植垄等。巡护管理主要是防止捕捞人员进入林地捕捞作业等行为破坏苗木；补植苗木主要是对巡查发现的枯死苗木、病虫害苗木及时拔除带离烧毁，并补植新的健壮苗木；清理垃圾主要是人工收集随水漂入林地内的垃圾带离林地，防止垃圾挤压幼苗；维护种植垄主要是对垮塌的种植垄及时培土修复保障苗木的正常生长（图 8-11）。

图 8-11 东寨港林溪湾残次林修复

管护工作应做好管护记录，将退化红树林修复的各项工作记录在册、归档保存，以便后期查阅。

8.5 三叶鱼藤人工防治

8.5.1 三叶鱼藤对红树植物的影响

三叶鱼藤为多年生木质藤本植物，常生长于盐度较低的中、高潮带，盐度高的区域仅生长于高潮带的林缘处。三叶鱼藤常攀爬在红树林冠上，影响红树植物光合作用导致其枯死，对低矮灌丛林危害极大。

8.5.2 防治方法

由于化学药物喷洒时，药液对林内其他动、植物有较大影响。因此，对红树林分布区的三叶鱼藤防治以人工防治为主。

人工防治主要有割除和拔除两种方式。对龄级较大、藤干较粗的三叶鱼藤可采取人工割除；对龄级较小、藤干较细的三叶鱼藤采取人工拔除。拔除后，将其捆绑在离地的树干上，使其自然失水枯死。

8.5.3 防治季节

三叶鱼藤果期多集中在7~11月。因此，防治最佳季节为5~6月。5月份以后，前一年的种子已萌发长大，攀爬到红树植物的树冠上。此时拔除或割除，避免其开花结果，新的种子繁殖出更多的三叶鱼藤幼苗，增加防治难度。

第9章

红树林生态修复的监测方法与评价指标

9.1 红树林生态修复的监测方法

9.1.1 植物群落监测

为了解红树林造林修复的效果及其动态变化规律，掌握修复后林分结构的发展变化，应在造林地内设置固定样地进行长期监测。主要监测内容包括修复后林地植物群落的树种组成、各树种的生物量、生长状况（如生长速率和生产力等），特别是对优势种、建群种和关键种的动态监测。

（1）固定样地的布设原则

固定样地的布设需满足以下 3 个原则。

代表性：布设样地要涵盖不同潮带、全部造林树种，样地要能体现林分的结构和特点，确保调查监测的数据能充分反映造林修复总体状况。

典型性：对重要的珍稀濒危树种和主要造林树种进行重点监测，以便更全面了解其现状及变化趋势。

可操作性：布设样地稳定性好，能长期开展调查监测。样地在满足其他原则的前提下，选择交通便利，易于调查的区域进行布设，有利于开展调查工作。

（2）固定样地布设的方法和数量

样带监测：在有代表性的造林地上布设样带，起点为最高潮位处的造林地边缘，终点为垂直或近似垂直于海岸的最低潮位造林地边缘；根据树种不同，布设宽度为 5 ~20 m 的监测样带。根据造林面积和树种分布情况，可布设 1 至多条监测样带，确保各造林树种及自然更新的树种均列入监测范围。

样方监测：在造林地上，根据不同潮带、不同树种，选择有代表性的区域建立样方对造林修复成效进行监测。样方大小为 10m × 10m 或 20m × 20m。根据造林密度及林分生长情况，也可采用大样方内设 1m × 1m、3m × 3m 或 5m × 5m 的小样方调查监测。样方数量根据造林地的立地条件、树种数量、造林修复面积确定，通常在相同条件下，可布设 2~6 个样方进行调查。

（3）监测内容

对造林修复的植物群落监测内容主要包括：

a. 树种组成及其数量变化记录不同时期样方内物种组成变化，分析修复林地群落发展趋势。

b. 林分郁闭度或盖度记录乔木层的郁闭度，以及林内灌木、草本或幼苗等的盖度。

c. 幼苗的存活状况：记录不同时期幼苗的存活率。

d. 树种生长状况：包括株高、地径（高度低于 1.3m 的植株）、胸径（高度高于 1.3m 的植株）、冠幅等。

（4）调查频率和时间

调查频率为每年 1~2 次。对胚轴插播造林和慢生树种小苗造林的前 3 年可考虑调查 2 次；幼树生长稳定后，每年调查 1 次即可。调查时间可选在 3~5 月，此时调查可根据调查结果制定管护措施或抚育方案。如果每年调查 2 次，可在 3~5 月进行第一次调查，11~12 月进行第二次调查。

9.1.2 沉积物监测

沉积物监测主要包括造林地滩涂高程监测和沉积物的理化性质监测，每年调查 1 次。

（1）造林地滩涂高程监测

造林地滩涂高程监测选在监测的样带内，每条样带布设 1~2 条与样带平行方向监测样线，样线上每隔 5m 设一监测点；采用样方监测的，则在每个样方内均匀布设 5 个监测点。监测工具可采用专用的沉积速率测定装置，也可在造林地上预先布设水泥柱或 PVC 管等，根据两次监测的高差变化数据推算滩涂高程差。

（2）沉积物理化性质监测

a. 野外采样：监测的沉积物为表层沉积物。选择在退潮或者土壤露出水面时进行采样，使用环刀在已经设置的样方或样带范围内采集 0~20cm 表层沉积物，每个样方或者样带重复采集 3~5 次，连同环刀一起放入铝盒或者密封袋带回实验室；称其干重，计算容重。

b. 沉积物理化性质分析：主要监测的理化指标包括 pH 值、盐度、有机碳、总氮、总磷、重金属和硫化物。pH 值和盐度在野外采样时利用仪器现场测定。有机碳、总氮、总磷和硫化物等指标可根据《GB 1737.5—2007 海洋监测规范第 5 部分：沉积物分析》规定的方法进行测定，采用重铬酸钾氧化 - 还原容量法测定沉积物中的有机碳；硫酸钾氧化法测定沉积物中的总氮和总磷；碘量法测定沉积物中的硫化物含量（范航清等 2014）；重金属含量采用原子火焰分析仪测定。

9.1.3 鱼类监测

（1）调查方法

采用捕捞法在造林修复的林地上根据潮带的不同，分别在林内、林缘和人工挖的潮沟内分别选 1~3 个点布网采样。涨潮前，在样点上提前布网，退潮后收集网具带回实验室对样品进行分析。

- 记录布网位置的植被信息（树种、株高、郁闭度或盖度等）及生境参数（底质、盐度、浊度、相对水深）。

- 网具：蜈蚣网。以 3 张蜈蚣网为一个单位，每个样点布 3 个单位蜈蚣网。所用网具网孔 8.5mm。
- 将捕获的鱼称总重量，然后进行种类鉴定，并测量体长、体重。

（2）采样频率和时间

每月或每季度调查一次。调查时，以每月或每季度中潮水最大的时间段为采样监测时间。每次连续采样监测 5~7 天。

9.1.4 大型底栖动物监测

（1）调查方法

监测点设置因潮位、树种分布及地形而异。一般情况下，设置 1 条垂直于岸线的断面，在林内、林缘分别布置调查点。如果断面上树种差别较大，林内调查点可以再细分为内带、中带和外带。每个调查点设置 5 个平行于岸线的样方，样方间距大于 2m，样方面积 25cm × 25cm，收集样方表面的软体动物，挖土至 30cm，将挖出土用 1mm 孔径筛子分洗，挑出各种动物。将所获得的动物用 5% 甲醛溶液固定，带回实验室分类、计数、称重。

（2）调查频率和时间

根据实际情况，条件许可的情况下，可以每个月调查一次，条件差的地方也可以每季度调查一次。调查时间以调查期内白天退潮时间较长的日期进行采挖沉积物为宜。

9.1.5 水质监测

（1）采样地点和方法

在造林修复林地内选择主要潮沟，潮沟水深大于 50cm，宽度大于 1m，按照潮沟延伸方向，每 500m 设置一个采样点，根据国家环保局发布的《水质采样标准》495-2009 进行采样。

使用不透光的玻璃广口瓶进行采样，采样深度应大于 20cm，慢慢放置广口瓶至一定深度，待水充满后，提起封盖。认真填写采样记录，做好标签，注明水样编号。放在 4℃保温箱中保存，尽快送检。每月分别在大、小潮期间各采样 1 次。造林地内如有排污口，还需在排污口处设水样点采集。

（2）检测指标

主要检测指标为 pH 值、盐度、溶解氧（DO）、高锰酸钾指数、铵态氮、活性磷酸盐、化学需氧量（COD）、五日生化需氧量（BOD5）等，条件许可的也可增加检测重金属，包括锌（Zn）、铜（Cu）、铅（Pb）、镉（Cd）等指标。

9.1.6 鸟类监测

鸟类是红树林湿地生态系统的重要组成部分，水鸟的种类和数量的变化可以反映当地红树林湿地的健康状况。

（1）监测样地选择

水鸟监测通常选择鸟类活动相对集中的滩涂、池塘和集中营巢的区域。因此需要在红树林人工修复时预留的鸟类觅食区（滩涂、浅水池塘）和修复区附近的滩涂上设置鸟类监测样地。样地的要求是视野开阔，监测点（路线）离鸟类有足够的安全距离（100m）或有掩体。根据样地的大小和交通状况，确定采用样点法或者样线法进行记录，并设定固定的监测点或监测路线。

（2）监测的时间和频度

根据鸟类迁徙规律，分为重点时期和非重点时期。重点时期为每年11月至次年4月；非重点时期为每年5月至10月。各地应根据本地的潮汐规律和鸟类活动规律确定最佳监测时间。其原则是：监测时间应选择监测区域内的水鸟种类和数量均保持相对稳定的时期；监测应在较短时间内完成，以减少重复记录。一般重点时期每周监测一次；非重点时期每月监测一次。滩涂选择在低潮期监测；池塘选择在高潮期监测。集中营巢区在鸟类繁殖季节（4~7月）每月监测一次。

（3）计数方法

采用直接计数法。对于样点法是在监测点上记录看到的所有鸟类；对于样线法，通常以步行为主，在比较开阔、生境均匀的大范围区域可借助车辆、船只进行调查；计数可以借助单筒或双筒望远镜进行，如果群体数量极大，或群体处于飞行、取食、行走等运动状态时，可以5、10、20、50、100等为计数单元来估计群体的数量。

（4）记录内容

调查记录，需要包含调查数据（如：鸟类种类、数量、种群结构、种群状态、生境描述等）和环境信息（如：日期、时间、GPS坐标、潮位、天气、池塘水位等），并在数据整理时补充分类（目、科、属）、保护级别和分布情况等信息。

9.2 红树林生态修复评价指标

红树林生态修复评价可分为短期评价和长期评价。短期评价通常指项目验收，是结合造林作业设计要求，在完成造林工程实施和管护结束后，对造林面积的保存情况和红树林成活率进行检查验收；长期评价是通过对红树林生态修复区的植物群落、沉积物、水质、海洋生物和鸟类等相关因子开展监测，根据监测结果对生态修复进行评价。长期评价可包括生态因子综合评价、生态系统功能评价和景观评价。为了方便对比，一般在修复工程实施前对待修复区进行一次调查。

9.2.1 短期评价

红树林造林修复短期评价通常指造林验收。红树林存在生境恶劣、干扰因子多，造林难度大，成活率低的问题。王友绍在总结我国多年来造林和验收经验的基础上，对红树林造林成活率和造林保存面积等指标提出了红树林修复技术评估体系的短期指标和标准（王友绍，2013），见表 9–1。

表 9–1 红树林短期评估指标和标准

评估指标	标准		
	优良	合格	不合格
保存面积 / 设计面积	1.0	≥ 0.7	＜ 0.7
成活率（%）	≥ 70	50~69	＜ 50
新建造林（株 /hm^2）	≥ 3500	≥ 2500	＜ 2500
修复造林（株 /hm^2）	≥ 2333	≥ 1667	＜ 1667
特种造林（株 /hm^2）	≥ 3500	≥ 2500	＜ 2500

红树林造林密度与树种的生长量和造林地的立地条件有较大关系，不宜一概而论，但就造林面积和造林成活率而言，王友绍等人较为客观地提出了验收标准，结合海南岛红树林造林情况，可将红树林造林 2~3 年后的验收标准分为优、良、合格、不合格等 4 级标准。具体划分等级见表 9–2。

表 9–2 红树林造林验收标准

验收指标	标准			
	优	良	合格	不合格
保存面积 / 设计面积	1.0	≥ 0.9	≥ 0.8	＜ 0.8
成活率（%）	≥ 75	≥ 65	≥ 55	＜ 55

9.2.2 生态因子综合评价

采用层次分析法评价红树林生态修复成效。

第一层目标指标：植物、鱼类和大型底栖动物、水质、沉积物、鸟类等。

第二层目标指标：

植物的评价包括树种组成、面积、林带宽度、郁闭度或盖度、生物量、优势种等。结合历史资料以及周边天然林分布情况进行比较分析。

海洋生物评价包括鱼类分布的种类和数量、大型底栖动物分布的种类和数量，以及各物种的分布规律。

沉积物评价包括沉积物高程的前后变化情况、沉积物流失情况、沉积物主要监测成分如 pH 值、有机碳、总氮、总磷和硫化物等指标变化情况等。

水质评价包括 pH 值、盐度、无机氮、活性磷酸盐、溶解氧、化学需氧量（COD）、生化需氧量（BOD）等监测指标前后的变化情况。

鸟类评价包括鸟类的种类和数量以及它们的分布时间和空间的变化规律。

根据专家法确定权重，采用模糊数学法进行综合评价运算，最终得到综合评价值。

9.2.3 生态系统功能评价

红树林生态修复功能评价可以通过对修复区内的生态系统功能变化对比获得。根据监测数据进行评价的主要生态功能包括生物多样性保持功能、土壤保持功能、水质净化功能、气体交换调节功能等。采用直接市场价值法、模糊数学评价法、生产力估算法等方法进行定量评价和比较。

9.2.4 景观评价

景观评价包括对生境斑块数量、大小、连通性、破碎化程度、多样性等景观过程和景观功能进行比较和分析。并结合类似立地条件下，天然分布的相同红树植物群落的景观指标，评价所修复的红树林在空间尺度上的恢复状况。

参考文献

蔡亲波，2013. 海南省天气预报技术手册 [M]. 北京：气象出版社 .

曾昭璇，1985. 我国台湾岛的海岸地貌类型 [J]. 台湾海峡，4（1）：53-60.

陈焕雄，陈二英，1985. 海南岛红树林的分布现状 [J]. 热带海洋，4（3）：74-79.

陈建海，陈香，2006. 银叶树育苗技术研究 [J]. 热带林业，34（2）：29-30.

陈鹭真，王文卿，张宜辉，等，2010. 2008 年南方低温对我国红树植物的破坏作用 [J]. 植物生态学报，34（2）：186-194.

陈权培，梁志贤，邓义，等，1998. 中国南海海岸的红树林 [J]. 广西植物，8（3）：215-224.

陈伟，钟才荣，2006. 红树植物白骨壤的育苗技术 [J]. 热带林业，34（4）：26-27.

陈玉军，廖宝文，李玫，等，2014. 高盐度海滩红树林造林试验 [J]. 华南农业大学学报，35（2）：78-85.

陈粤超，林康英，许方宏，等，2008. 广东湛江红树林寒害调查及灾后恢复技术探讨 [J]. 湿地科学与管理，4（3）：49-50.

邸向红，侯西勇，吴莉，2014. 中国海岸带土地利用遥感分类系统研究 [J]. 资源科学，36（3）：463-471.

范航清，王欣，何斌源，等，2014. 人工生境创立与红树林重建 [M]. 北京：中国林业出版社 .

高秀梅，韩维栋，2006. 银叶树育苗试验研究 [J]. 福建林业科技，33（3）：140-143.

国家林业局，2015. 中国湿地资源（海南卷）[M]. 北京：中国林业出版社 .

何斌源，潘良浩，王欣，等，2014. 乡土盐沼植物及其生态恢复 [M]. 北京：中国林业出版社 .

胡振鹏，2012. 鄱阳湖流域生态修复的理论、方法及其应用 [J]. 长江流域资源与环境，21（3）：259-267.

黄晓林，彭欣，仇建标，等，2009. 浙南红树林现状分析及发展前景 [J]. 浙江林学院学报，26（3）：427-433.

蒋礼珍，黄汝红，2008. 钦州红树林寒害调查及无瓣海桑耐寒性初探 [J]. 气象研究与应用，29（3）：35-38.

蒋有绪，2017. 蒋有绪文集（下卷）[M]. 北京：科学出版社 .

李玫，廖宝文，管伟，等 . 广东红树林寒害调查 [J]，防护林科技，2009，89（2）：29-31.

梁斌，卢刚，2015. 海南东寨港鸟类图鉴 [M]. 北京：华龄出版社 .

廖宝文，李玫，陈玉军，等，2010. 中国红树林恢复与重建技术 [M]. 北京：科学出版社 .
廖宝文，张乔民，2014. 中国红树林的分布、面积和树种组成 [J]. 湿地科学，12（4）：435–440.
廖宝文，郑德璋，郑松发，等，1996. 红树植物秋茄胚轴主要性状及其贮藏方法研究 [J]. 林业科学研究，9（1）：58–63.
廖宝文，郑德璋，郑松发，等，1997. 海桑育苗技术及幼苗生长规律 [J]. 林业科学研究，10（3）：296–302.
廖宝文，郑德璋，郑松发，等，1999. 白骨壤物候变化规律及育苗造林技术的初步研究 [J]. 防护林科技，8：1–5.
廖宝文，郑德璋，郑松发，等，1997. 红树植物海桑种子发芽条件的研究 [J]. 中南林学院学报，17（1）：25–37.
廖宝文，等，2000. 海南岛红树林研究的简史与展望 [J]. 防护林科技，43（2）：28–31.
廖宝文，郑德璋，郑松发，等，1998. 红树植物桐花树育苗造林技术的研究 [J]. 林业科学研究，11（5）：474–480.
林鹏，傅勤，1995. 中国红树林环境生态及经济利用 [M]. 北京：高等教育出版社 .
林鹏，沈瑞池，卢昌义，1994. 六种红树植物的抗寒特性研究 [J]. 厦门大学学报（自然科学版），33（2）：249–252.
刘文爱，范航清，2009. 广西红树林主要害虫及其天敌 [M]. 南宁：广西科学技术出版社 .
刘衍君，吴仁海，曹建荣，2005.“生态优先”原则指导下的南沙湿地资源开发利用与保护 [J]. 新疆环境保护，27（4）：17–20.
卢昌义，林鹏，王恭礼，等，1994. 引种的红树植物生理生态适应性研究 [J]. 厦门大学学报（自然科学版），33（S1）：50–55.
莫燕妮，庚志忠，苏文拔，等，1999. 海南岛红树林调查报告 [J]. 热带林业，27（1）：19–22.
莫永杰，1990. 广西溺谷湾海岸地貌特征 [J]. 海洋通报，9（6）：57–60.
莫竹承，2002. 广西红树林立地条件研究初报 [J]. 广西林业科学，31（3）：122–127.
莫竹承，范航清，李蕾鲜，等，2014. 海岸重要植物及其保育 [M]. 北京：中国林业出版社 .
彭聪姣，钱家伟，陈鹭真，等，2016. 深圳福田红树林植被碳储量和净初级生产力 [J]. 应用生态学报，27（7）：2059–2065.
彭逸生，陈桂珠，林金灶，2011. 南中国海湿地研究——以汕头滨海湿地生态系统为例 [M]. 广州：中山大学出版社 .
祁承经，汤庚国，1994. 树木学 [M]. 北京：中国林业出版社 .

乔欣，2004. 将生态优先原则引入城市用地评价初探 [J]. 重庆建筑（增刊），（S1）：33–36.
邱凤英，李志军，廖宝文，2010. 半红树植物水黄皮幼苗的耐盐性研究 [J]. 中南林业科技大学学报，30（10）：62–67.
邱广龙，范航清，李蕾鲜，等，2014. 潮间带海草床的生态恢复 [M]. 北京：中国林业出版社 .
邱立国，陈海洲，陈春华，2013. 海南岛海湾的特征分析及开发利用探讨 [J]. 海洋开发管理，30（05）：38–42.
湿地国际 – 中国项目办事处，1999. 湿地经济评价 [M]. 北京：中国林业出版社 .
孙时轩，1992. 造林学 [M]. 北京：中国林业出版社 .
索安宁，曹可，等，2015. 海岸线分类体系探讨 [J]. 地理科学，35（7）：933–937.
谭芳林，叶功富，崔丽娟，等，2010. 泉州湾河口湿地红树林立地类型划分 [J]. 湿地科学，8（4）：66–370.
万金保，侯得印，2006. 利用生物—生态修复技术治理城市污染河道 [J]. 江西科学，24（1）：77–79.
王杰瑶，李金凤，2009. 桐花树的育苗技术 [J]. 热带林业，37（2）：30–31.
王瑁，刘毅，丁弈鹏，等，2013. 海南东寨港红树林软体动物 [M]. 厦门：厦门大学出版社 .
王树功，郑耀辉，彭逸生，等，2010. 珠江口淇澳岛红树林湿地生态系统健康评价 [J]. 应用生态学报，21（2）：391–398.
王文卿，2007. 中国红树林 [M]. 北京：科学出版社 .
王文卿，陈琼，2013. 南方滨海耐盐植物资源（一）[M]. 厦门：厦门大学出版社 .
王文卿，傅海峰，等，2016. 三亚铁炉港科学考察考报告 [R].
王文卿，王瑁，2006. 中国红树林 [M]. 北京：科学出版社 .
王小青，王健，陈雄庭，2008. 海南岛东寨港红树林盐土的理化性状 [J]. 热带农业科学，29（3）：32–37.
王友绍，2013. 红树林生态系统评价与修复技术 [M]. 北京：科学出版社 .
吴培强，张杰，马毅，等，2013. 近 20a 来我国红树林资源变化遥感监测与分析 [J]. 海洋科学进展，31（3）：406–414.
辛琨，2009. 湿地生态价值评估理论与方法 [M]. 北京：中国环境科学出版社 .
薛建辉，2006. 森林生态学 [M]. 北京：中国林业出版社 .
杨盛昌，林鹏，1998. 潮滩红树植物抗低温适应的生态学研究 [J]. 植物生态学报，22（1）：60–67.
杨玉珙，1994. 森林生态学 [M]. 北京：中国林业出版社 .

殷志强，2008. 2008 年春季极端天气气候事件对地质灾害的影响 [J]. 防灾科技学院学报，10（2）：20–24.

张莉，郭志华，李志勇，等，2013. 红树林湿地碳储量及碳汇研究进展 [J]. 应用生态学报，24（4）：1153–1159.

张乔民，1993. 红树林防浪护岸机理与效益评价 [A]. 第七届全国海岸工程学术讨论论文集 [C]. 北京：海洋出版社，853–861.

张乔民，隋淑珍，张叶春，等，2001. 红树林宜林海洋环境指标研究 [J]. 生态学报，21（9）：1427–1436.

张乔民，于红兵，陈欣树，等，1997. 红树林生长带与潮汐水位关系研究 [J]. 生态学报，17（3）：258–265.

张颖，钟才荣，李诗川，等，2013. 濒危红树植物红榄李 [J]. 林业资源管理，（5）：103–107.

郑坚，王金旺，陈秋夏，等，2010. 几种红树林植物在浙南沿海北移引种试验 [J]. 西南林学院学报，30（05）：11–17.

郑耀辉，王树功，陈桂珠，2010. 滨海红树林湿地生态系统健康的诊断方法和评价指标 [J]. 生态学杂志，29（1）：111–116.

中科院中国植物志编写委员会，1998. 中国植物志 [M]. 北京：科学出版社.

钟才荣，2004. 杯萼海桑的育苗技术 [J]. 福建林业科技，31（3）：116–118.

钟才荣，2004. 卵叶海桑的育苗和造林技术 [J]. 广西林业科学，33（2）：96–98.

钟才荣，黄仲琪，2006. 红树林海桑属植物人工育苗灰霉病的防治技术 [J]. 热带林业，34（3）：47–48.

钟才荣，李海生，陈桂珠，2003. 无瓣海桑的育苗技术 [J]. 广东林业科技，19（3）：68–70.

钟才荣，李海生，陈桂珠，等，2003. 海南海桑的育苗造林技术 [J]. 中山大学学报（自然科学版），42（S1）：224–225.

钟才荣，李华亮，张影，2011. 红树林苗圃的育苗技术 [J]. 林业实用技术，（8）：30–32.

钟才荣，李诗川，管伟，等，2011. 中国 3 种濒危红树植物的分布现状 [J]. 生态科学，30（4）：431–435.

钟才荣，李诗川，杨雨晨，等，2011. 红树植物拉关木的引种效果调查研究 [J]. 福建林业科技，38（3）：96–99.

Duke N C, 2013. ‘World Mangrove iD: expert information at your fingertips’ App Store Version 1.0 for iPhone and iPad[M]. Australia: Mangrove Watch Publication.

Twilley R R, Chen R H, Hargis T, 1992. Carbon sinks in mangrove forests and their implications to the carbon budgetof tropical coastal ecosystems[J]. Water, Air & Soil Pollu-tion, 64: 265-288.

Wang B S, Liao B W, Wang Y, et al, 2002. Mangrove Forest Ecosystem and Its Sustainable Development in Shenzhen Bay[M]. 北京：科学出版社.

Watson J G, 1928. Mangrove forests of the Malay Peninsula[J]. Malayan Forest Records, 6: 1-275.